ANNE WARRLICH

Zwerg— kaninchen

HALTUNG
BESCHÄFTIGUNG
VERHALTEN
GESUNDHEIT

MIT KOSMOS MEHR ENTDECKEN

NATUR
NAH
&
TIER
GERECHT

SEIT 1822

KOSMOS

☞ *Inhalt*

Ein Blick hinter die Kulissen

— Seit Jahrmillionen bevölkern Kaninchen die Erde

Geschichte der Langohren

Die kleinen Langohren haben sich längst in unser Herz geschlichen und sind prima Freunde geworden. Es gibt viel Interessantes über sie zu berichten, sei es über ihre Herkunft oder Mythologie.

Seit dem Tertiär (vor ca. 70 bis 2 Millionen Jahren) sind die Hasenartigen in Nordamerika nachweisbar. Im Pliozän, also vor rund 7 Millionen Jahren, haben sie sich in Europa und Asien angesiedelt. In Spanien wurden Wildkaninchen von den Phöniziern entdeckt, aber noch lange nicht gezähmt. Ihre „Nutzung" durch die Menschen begann vor etwa 4000 Jahren. Die Römer hielten damals halbwilde Kaninchen in sogenannten Leporarien (ummauerte Gärten). Da Kaninchen unterirdische Tunnel und Röhren graben und sie nicht ganz einfach in Umfriedungen zu halten waren, siedelte man die Leporarien häufig auf kleineren Inseln an. In Deutschland sind sie wahrscheinlich erstmals 1231 auf der Insel Amrum angesiedelt worden. Diese Tiere dienten aber wohl eher dazu, den Speiseplan etwas aufzubessern, und waren wahrscheinlich weniger als Haus- und Schmusetiere gedacht.

DOMESTIKATION UND ZUCHT

Erst seit dem Mittelalter wurden die Wildkaninchen wirklich domestiziert und gezüchtet. Nach und nach verschwand durch die Zucht die bräunliche Wildfarbe, und die Tiere wurden größer und schwerer. Das war so gewünscht, denn noch immer standen Kaninchen hauptsächlich auf dem Speiseplan.

An deutschen Fürstenhöfen wurden Kaninchen im 16. Jahrhundert beliebt. Der Züchterehrgeiz war geweckt. Die Hobbyzucht von Kaninchen kam aber erst im 19. Jahrhundert so richtig in Mode. Das Hermelin, eine Wieselart, war inzwischen fast völlig ausgerottet, denn sein Winterfell wurde von Fürsten und Königen als prunkvoller Pelzbesatz für ihre Roben gebraucht. Nun züchtete man Hermelinkaninchen, deren Fell sehr viel Ähnlichkeit mit dem Fell des Wiesels aufweist. Das Hermelinkaninchen ist ein Albino, also ein Tier ohne Farbpigmente mit ganz weißem Fell und roten Augen.

Aus den Hermelinkaninchen wurden in England schließlich besonders kleine Tiere gezüchtet und auf Ausstellungen gezeigt. Anfang des 20. Jahrhunderts entdeckte man, dass all die Tiere mit dem kleinen runden Kopf und den kurzen Ohren einen erblichen Zwergwuchsfaktor haben. Indem man ausschließlich diese Zwerge untereinander kreuzte, erhielt man besonders kleine, niedliche Kaninchen. Der Zwergwuchsfaktor hat aber auch seine Nachteile. So leiden die kleinen Kaninchen besonders häufig unter Zahnproblemen. Die meisten sogenannten Zwergkaninchen sind gar keine „echten" Zwerge, es sind meist Vertreter kleiner Rassen, die bis zu 2,5 kg schwer werden können. In Holland begann man in den Dreißigerjahren, Hermelinkaninchen wieder mit

Wildkaninchen zu paaren. So erreichten die Züchter die heutige Vielfalt in den Farbvarianten der Zwergkaninchen.

Heutzutage gibt es über 30 verschiedene Kaninchenrassen mit ungefähr 80 Varietäten. Kaninchen werden zu den verschiedensten Zwecken gezüchtet: Angorakaninchen als Wolllieferanten, besonders große Kaninchenrassen wie Chinchilla, Havanna und Flämischer Riese als Fell- und Fleischlieferanten und schließlich die Zwergkaninchen und kleinen Rassen als geliebte Heim- und Schmusetiere.

VON KANINCHEN UND HASEN

Im deutschen und englischen Sprachraum werden Hase und Kaninchen häufig in einen Topf geworfen, obwohl sie zu unterschiedlichen zoologischen Gruppen gehören und sich untereinander auch nicht fortpflanzen können (siehe Kasten Seite 8). Hasen und Kaninchen werden von den Zoologen zu den Leporidae, den Hasenartigen gezählt. Die Hasenartigen wurden lange den Nagetieren zugeordnet, weil

Lange Ohren, schlanker Kopf – das kann nur ein Hase sein.

sie Äste, Zweige u. a. benagen und ihre Nagezähne ständig nachwachsen. Typisch für echte Nagetiere ist, dass sie ihr Futter mit den Vorderpfoten halten können. Die Hasenartigen haben diese Fähigkeit nicht, sind deshalb also auch keine Nagetiere. Dafür sind sie aber in der Lage zu gähnen und sich lang auszustrecken, was den Nagern wiederum nicht möglich ist. Obwohl Nager und Kaninchen sich in vielem ähneln, haben neuere Untersuchungen außerdem gezeigt, dass Hasenartige den Primaten entwicklungsgeschichtlich näherstehen als die Nagetiere.

DER FEINE UNTERSCHIED

Kaninchen
— Sie haben einen gedrungenen Körper.
— Die Ohren sind kürzer als der Kopf.
— Sie wiegen je nach Rasse zwischen 1 und 9 kg.
— Sie leben gesellig in Kolonien zusammen.
— Die Jungtiere werden nach einer Tragzeit von etwa 30 Tagen blind, taub und nackt geboren. Kaninchen sind sogenannte Nesthocker.
— Kaninchen werfen 4- bis 6-mal pro Jahr 3 bis 4 Junge in einer Höhle unter der Erde.
— Sie haben 44 Chromosomen.
— Kaninchen sind domestizierbar (sie können „zahm" werden).

Hasen
— Sie haben einen langen, schlanken Körper.
— Die Ohren sind länger als der Kopf.
— Sie wiegen etwa 3 bis 6 kg.
— Sie leben als Einzelgänger und suchen nur zur Paarungszeit den Kontakt zu Artgenossen.
— Die Jungtiere werden nach einer Tragzeit von etwa 40 Tagen geboren. Sie können dann bereits sehen und hören und sind komplett behaart. Hasen sind sogenannte Nestflüchter.
— Hasen werfen 3- bis 4-mal pro Jahr 1 bis 4 Junge in einer Bodenmulde, einer sogenannten Sasse.
— Sie haben 46 Chromosomen.
— Hasen sind nicht domestizierbar.

KANINCHENMYTHOLOGIE

In vielen, oft sehr alten Kulturen, Mythen und folkloristischen Überlieferungen werden Kaninchen häufig als Fruchtbarkeitssymbole gesehen. Das mag an ihrer Fähigkeit liegen, eine große Zahl von Nachkommen zu bekommen.

Schon bei den Azteken spielten Kaninchen oder Hasen eine große Rolle im kosmischen Verständnis. So ist Macuiltochtli (Fünf Hase) der Gott des Überflusses und Ometochtli (Zwei Hase) der Gott des Rausches und der Trunkenheit. Gott des Überflusses, weil Hasen und Kaninchen sehr viele Nachkommen haben, und Gott der Trunkenheit, zwei Hasen, weil man im Vollrausch dazu neigt, Doppelbilder zu sehen.

Die Azteken glaubten, die Erde sei eine Scheibe, und teilten sie in vier Abschnitte auf. So war eine der Himmelsrichtungen, die südliche, „Tochtli", das Kaninchen. Im aztekischen Kalender gab es 260 Tage, die alle nach einer Kombination aus Naturereignissen, Tieren, Pflanzen und unbelebten Objekten benannt waren. So gab es auch einen Tag „Zwei Kaninchen". Die Azteken glaubten, dass Menschen, die an diesem Tag geboren wurden, Trunkenbolde werden würden.

In der griechischen Mythologie waren Kaninchen und andere dämmerungs- und nachtaktive Tiere das Symbol der Göttin Hecate. Hecate war die wichtigste Göttin, die über Zauber und Verzauberungen herrschte. Sie soll Gewalt über den Himmel und die Erde gehabt und auch für Fruchtbarkeit gestanden haben. In ägyptischen Hieroglyphen findet man Kaninchen als Symbol des Daseins.

Auch bei den amerikanischen Naturvölkern werden die Kaninchen als mythische Tiere betrachtet. Die Indianer glaubten, dass vor dem indianischen Leben ein anderes existierte, in dem Tiere wie Menschen agierten, sprachen und lebten und schließlich die Welt in ihrer heutigen Form erschufen. Auch für sie

Nicht der Mann, sondern das Kaninchen im Mond.

war das Kaninchen ein Fruchtbarkeitssymbol. Im chinesischen Tierkreiszeichenkalender gibt es das Jahr des Hasen. Das nächste Jahr des Hasen wird 2023 sein. Menschen, die in diesem Jahr geboren werden, sind talentiert, ehrgeizig, beliebt und geschäftstüchtig. Sie passen gut zu Ziegen, Hunden und Schweinen.

GLÜCKSBRINGER

Andere Kulturen sahen in den grauen Flecken des Mondes die Form eines Kaninchens. In der chinesischen Astrologie ist das Kaninchen eines der zwölf astrologischen Zeichen. Dieses astrologische Zeichen ist ein besonders Glück bringendes. Diejenigen unter uns, die unter diesem Zeichen geboren sind, sollen sich die magischen Kräfte des Mondes zu eigen machen können. Kaninchen sollen die Mittler zwischen der Menschen- und Feenwelt sein. Sie sollen die Fähigkeit haben, die Menschen in die Feenwelt zu führen. Das rührt vielleicht daher, dass sie sich in hohem Gras verstecken, plötzlich auftauchen, wieder verschwinden und meist nur in der Dämmerung aktiv sind. Bei Vollmond kann man sie nachts beobachten.

CHRISTLICH UND HEIDNISCH

Auch heute noch taucht das Kaninchen als symbolträchtiges Tier im christlichen Glauben auf. Als Osterhase wurde das Kaninchen von den Christen übernommen. Ostern, die Auferstehung Jesu Christi, fällt zeitlich mit vielen alten heidnischen Frühlings- und Fruchtbarkeitsfesten zusammen, bei denen das Kaninchen eine Rolle als Fruchtbarkeitssymbol gespielt hat. Dies wurde, wie vieles andere auch, vom Christentum angepasst. Vielleicht sogar auch, um den heidnischen Völkern den Abschied von ihrem Glauben zu erleichtern.

Andere heidnische Bräuche haben sich bis heute erhalten. So sollen Balletttänzer eine Hasenpfote in der Hose tragen. Aber nicht, wie von bösen Zungen behauptet wird, um gewisse Körperteile besonders prächtig zur Geltung kommen zu lassen. Die Pfote dient als Talisman zur Bekämpfung böser Geister oder, um es neudeutsch auszudrücken, gegen „bad vibrations". Es ist jedoch nicht geklärt, ob es sich um eine Hasen- oder eine Kaninchenpfote handelt.

Seit den alten Zeiten der Mythen und Sagen haben Kaninchen kaum ihre inspirierende Kraft verloren. Über die Jahrhunderte und Jahrtausende hinweg treten sie als trickreiche kleine Helfer der Unterdrückten und Schwachen in Erzählungen und Überlieferungen unterschiedlicher Kulturen auf. Und auch in modernen Geschichten sowie in Film und Fernsehen kommen die sympathischen Langohren auch heute noch zu Ruhm und Ehren.

LANGOHRIGE FILMSTARS

Bei Erwachsenen und Kindern gleichermaßen beliebt: das trickreiche und schlaue Kaninchen, das mit Witz und Pfiff den Großen zeigt, dass es im Leben nicht allein auf die Körpergröße ankommt. Bestes Beispiel ist „Bugs Bunny", der freche Trickfilmhase, der seit Jahren über den Bildschirm flimmert und so köstlich unverschämt ist. Zu filmischen Ehren kam auch „Watership Down", der Kaninchenklassiker von Richard Adams. In seinem Roman erfindet Adams einen richtigen Kaninchenstaat, in dem die Protagonisten zum Teil aber durchaus sehr menschlich agieren. Wer dieses Buch gelesen oder den Film dazu gesehen hat, wird sein Kaninchen mit anderen Augen sehen.

Aus der amerikanischen Literatur haben viele Kaninchengeschichten Einzug in deutsche Kinderzimmer gehalten, meist kräftig unterstützt durch das Fernsehen.

So gibt es „Alice im Wunderland" in den verschiedensten Real- und Trickfilmversionen. Auch in dieser Geschichte hat ein Kaninchen eine tragende Rolle: Es begleitet und beschützt Alice auf ihrer Reise durchs Wunderland.

Kurze Ohren, breite Stirn = Kaninchen.

ROMANHELDEN

Auch auf dem Papier wurden Kaninchen berühmt. „The Tale of Peter Rabbit" von Beatrix Potter ist eine Kindergeschichte aus dem Jahr 1900, die dank ihrer entzückenden Illustrationen viele Herzen erobert hat und sich ungebrochener Beliebtheit erfreut. Von der gleichen Autorin, im deutschen Sprachraum allerdings weniger bekannt, gibt es noch eine zweite Kaninchengeschichte: „The Tale of Benjamin Bunny".

Aus dem deutschen Sprachraum bekannt ist die Fabel vom Hasen und vom Igel, wobei mit „Hase" auch durchaus ein Kaninchen gemeint sein könnte. Nur ist hier das Langohr ausnahmsweise einmal nicht der clevere Held.

In „Die Geschichten von Pooh dem Bären" erlebt ein kleiner Junge, Christopher Robin, mit seinem Teddybären Pooh und dessen Freunden allerlei Abenteuer. Bei einem Besuch in Kaninchens Höhle wird Pooh Opfer seiner Fresslust. Er futtert so viel, dass er dick und kugelrund im Kaninchenbau stecken bleibt. Nun muss Pooh natürlich warten, bis sein Bauch wieder dünner wird. Kaninchen – gar nicht dumm – benutzt seine aus der Öffnung ragenden Füße währenddessen einfach als Handtuchhalter. Dies zeigt, dass die kleinen Langohren durchaus auch einen Sinn fürs Praktische haben. Wie Pooh der Bär sich als Handtuchhalter gefühlt hat, ist nicht bekannt.

Lange Ohren, schmaler Kopf = nicht unbedingt Hase, sondern Deutscher Riese.

Faszination Kaninchen

Kaninchen zeigen viele Verhaltensweisen, die wir zunächst merkwürdig finden. Hier finden Sie eine kleine Übersetzungshilfe für Kaninchenverhalten.

01

02

DUFTE NACHRICHTEN

Der Geruchssinn ist bei Kaninchen von allen Sinnen am besten entwickelt. Über Duftmarken, die über After- und Kinndrüsen oder über den Urin verteilt werden, können sich Kaninchen richtiggehend miteinander unterhalten. Beim Deckakt bespritzt der Rammler die Häsin mit Urin. Mit seinem „persönlichen Parfüm" macht er seine Besitzansprüche klar und teilt Konkurrenten mit: „Finger weg von meiner Frau!"

GESCHICKTE BAUMEISTER

Wildkaninchen leben in unterirdischen Bausystemen und graben dabei bis zu 3 Meter tief. Sie legen komplizierte Labyrinthsysteme mit verschiedenen Haupteingängen und Fluchtwegen an, in denen die Ganglängen nicht selten bis zu 50 Meter betragen. In einer großen „Kaninchenburg" gibt es Platz für manchmal über 400 Wildkaninchen.

01 Mit dem Sekret der Kinndrüsen wird das Revier markiert.

02 Kaninchenbaumeister sind schneller als jeder Bagger. Außengehege müssen gut gesichert werden.

03 Für eine bessere Übersicht geht es in die Höhe.

04 Obst und Gemüse im Futternapf sorgen für gesunde Abwechslung. Doch aufgepasst: Kaninchen sind Vielfraße und können schnell zu dick werden.

03

04

RUNDUMBLICK

Kaninchenaugen befinden sich seitlich am Kopf. Dies ermöglicht den Tieren einen „Rundumblick". Sie können also, ohne sich umzudrehen, auch von hinten nahende Feinde wahrnehmen. Im Nahbereich sehen sie dafür nicht sehr gut und können auch Entfernungen nur schlecht abschätzen. Am besten sehen sie in der Dämmerung, denn sie sind morgens und abends am aktivsten.

GANZ SCHÖN FRUCHTBAR

Kaninchen vermehren sich tatsächlich buchstäblich „wie die Karnickel". Eine Häsin kann theoretisch 30 bis 60 Junge im Jahr bekommen. Bei großen Rassen kann die Zahl sogar noch darüberliegen.

GEBURTENKONTROLLE

Kaninchen können zwar sehr viele Junge bekommen, doch sie sind auch in der Lage, die Koloniegröße konstant zu halten. Und so machen sie es:
Droht einem Kaninchenstaat die Überbevölkerung, können trächtige Weibchen die sich bereits entwickelnden Embryonen einfach wieder „einschmelzen".

KLEINE VIELFRASSE

Die Mutter säugt ihre Jungen nur zweimal am Tag. Dabei nehmen die kleinen Kaninchen innerhalb von zwei Minuten 25 % ihres Körpergewichts an Milch auf.

13

Körperbau der kleinen Hoppler

Kaninchen vereinen anatomische Merkmale verschiedener Tiere. Sie haben leichte Vogelknochen, dunkle Wildtiermuskeln und eine ausgeprägte Hinterbeinmuskulatur wie die Kängurus.

SKELETT UND MUSKULATUR

Kaninchen haben ein leichtes Knochengerüst. Es macht nur ungefähr 8 % der Körpermasse aus, während hingegen die kräftige Muskulatur vor allem in den Hinterbeinen ungefähr 50 % des Körpergewichts beträgt. Kaninchen sind also durchtrainierte kleine Langstreckenläufer. Ihre Muskulatur ähnelt eher der eines Wildtiers und ihre Muskeln sind auch dunkler gefärbt als die von Hunden und Katzen. Wie alle Säugetiere haben sie 7 Halswirbel, 12, manchmal auch 13 Brustwirbel, 6 oder 7 Lendenwirbel, ein Kreuzbein und 16 Schwanzwirbel.

Da Kaninchen kräftig mit den Hinterbeinen ausschlagen können, passieren hier auch die meisten Verletzungen und es kommt manchmal zu Schienbeinbrüchen.

MUNDHÖHLE UND ZÄHNE

Manche Zwergkaninchen haben eine angeborene Fehlstellung des Gebisses. Sie brauchten eigentlich eine kieferorthopädische Behandlung. Ihr Unterkiefer kann länger als ihr Oberkiefer sein, und das führt leider unweigerlich zu Zahnproblemen, da nicht nur ihre Schneide-, sondern auch ihre Backenzähne

DER KANINCHENFELLMANTEL

Das Aussehen des Fellmantels richtet sich nach der Rasse. Kaninchen haben kurze flauschige Unterwolle, die sie beim Fellwechsel abstoßen, und längere härtere Grannenhaare. Die einzigen haarlosen Stellen eines Kaninchens sind die Nase, die Falten in der Leistengegend und Teile des Hodensacks.

Bei neugeborenen Babys entwickeln sich zuerst die Grannenhaare, die wärmende Unterwolle etwas später. Mit ungefähr einer Woche ist das Babyfell entwickelt und bleibt bis zur 6. Lebenswoche bestehen. Danach folgt eine Art Zwischenfell. Das Fell des erwachsenen Tiers ist mit 6 bis 8 Monaten entwickelt, und erst dann weiß der Kaninchenbesitzer, wie sein Hoppler den Rest seines Lebens aussieht. Die meisten Kaninchen wechseln ihr Fell zweimal jährlich. Bei manchen Tieren hat man jedoch den Eindruck, sie haaren das ganze Jahr über.

nachwachsen. Kaninchen haben auf jeder Seite 2 Schneidezähne im Oberkiefer, 1 Schneidezahn im Unterkiefer, 6 Backenzähne im Oberkiefer und 5 Backenzähne im Unterkiefer. Wieso je 2 Schneidezähne im Oberkiefer? Wenn man einem Kaninchen in den Mund schaut, kann man aber nur einen Schneidezahn pro Seite entdecken. Bei genauem Hinsehen sieht man ein kleines bleistiftminenförmiges Gebilde, was sich zungenwärts hinter dem Oberkieferschneidezahn versteckt. Das ist der sogenannte Stiftzahn, der oft übersehen wird, aber als vollwertiger Zahn gezählt wird. Kaninchenzähne wachsen lebenslang nach. Deswegen ist es unbedingt wichtig, dass die Zähne durch Nagen und vor allem durch Kauen von langfaserigem Futter kurz gehalten werden, sonst muss der Tierarzt eingreifen. Die Zähne wachsen pro Woche um ungefähr 3 mm aus dem Kiefer heraus. Gras- und Heufütterung bewirken nicht nur ein intensives Kauen, durch mineralische Bestandteile wie Silikate bewirkt das Gras zusätzlich einen „Zahnschleifeffekt".

☞ ZÄHNE DES KANINCHENS

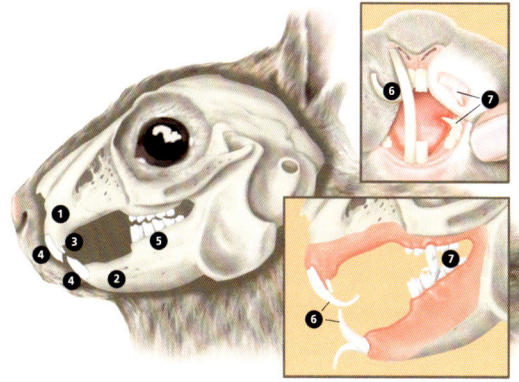

1 Oberkiefer (Maxilla)
2 Unterkiefer (Mandibula)
3 Kleine Schneidezähne (Dentes incisivi minores)
4 Große Schneidezähne (Dentes incisivi majores)
5 Vordere und hintere Backenzähne (Prämolare, Molare)
6 Fehlstellung der Schneidezähne – übermäßiges Längenwachstum
7 Fehlstellung der Backenzähne – Zahnspitzenbildung – Treppenbildung

© Copyright Bayer HealthCare, Animal Health, Leverkusen

Zur Vorwärtsbewegung stoßen sich Kaninchen kräftig mit den Hinterbeinen ab.

ATMUNG

Kaninchen atmen immer durch die Nase; hecheln sie wie ein Hund, ist das immer ein Alarmzeichen. Beim Atmen bewegt sich das Näschen sehr schnell hin und her, bis zu 120-mal in der Minute. Wenn das Kaninchen sehr entspannt ist oder in Narkose liegt, hört das Nasenwackeln auf, das Kaninchen atmet aber trotzdem noch.

WASSERWEGE

Die Nierenfunktion des Kaninchens unterscheidet sich grundlegend von der anderer Säugetiere. Kaninchen haben zwei Nieren, die die Wasserausscheidung, aber auch den Kalziumstoffwechsel regeln. Im Gegensatz zu anderen Tieren, bei denen der Kalziumspiegel im Blut sehr konstant ist, variiert er beim Kaninchen. Andere Säugetiere regeln ihren Kalziumhaushalt über den Darm, Kaninchen nehmen das Kalzium in der Nahrung nahezu ungehindert in großen Mengen über den Darm auf. Gibt es viel Kalzium in der Nahrung, wird auch viel aufgenommen und auch viel über die Nieren ausgeschieden. Der Urin kann klar und wässrig bis hin zu pastös cremig sein. Außerdem ist die Farbe des Urins auch von der Nahrung abhängig. Fressen Kanin-

Im Gartenfreilauf fühlen sich Kaninchen wohl.

Birkenrinde wirkt entzündungshemmend.

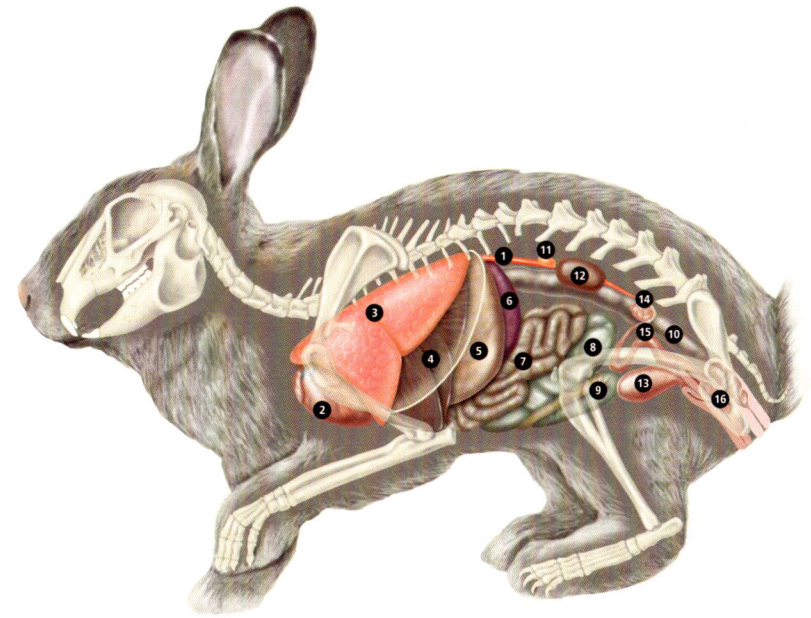

01 Große Körperschlagader	07 Leerdarm
02 Herz	08 Blinddarm
03 Linke Lunge (zweilappig)	09 Dickdarm
04 Leber	10 Mastdarm
— Medialer linker Leberlappen	11 Linke Nebenniere
— Lateraler linker Leberlappen	12 Linke Niere
— Geschwänzter Leberlappen	13 Harnblase
05 Magen	14 Linker Eierstock
06 Milz	15 Gebärmutter
	16 Scheide

chen Rote Beete oder Karotten, kann der Urin richtig rot werden, was viele Kaninchenhalter veranlasst zu glauben, die Tiere hätten Blut im Urin.

VERDAUUNG

Der gesamte Verdauungstrakt des Kaninchens macht ungefähr 20 % des gesamten Körpergewichts aus. Kaninchen haben im Verhältnis zu ihrer Körpergröße den größten Magen und den größten Dickdarm unter allen Säugetieren. Der Magen ist dünnwandig und wenig muskulös, Kaninchen können aufgrund der Struktur ihres Mageneingangs-

muskels, genau wie Pferde, nicht erbrechen. Was einmal drin ist, kommt nur noch hinten wieder raus. Bei den meisten Kaninchen finden sich kleinere Haaransammlungen im Magen. Der Dünndarm eines Kaninchens ist ungefähr 3 Meter lang.

Die produzierte Kotmenge hängt von der Fütterung ab. Forscher haben die Kotbällchen gezählt und festgestellt, dass ein durchschnittliches Kaninchen bis zu 150 Kotbällchen pro Tag produzieren kann. Das ist eine ganze Menge!

3 bis 8 Stunden nach der Nahrungsaufnahme scheiden Kaninchen weiche pastöse Kotbäll-

chen aus, den sogenannten Blinddarmkot, den sie dann auch gleich wieder auffressen. Die Ausscheidung des Blinddarmkots löst einen Reflex beim Kaninchen aus, der bewirkt, dass die Kaninchen diesen Kot sofort wieder aufnehmen und nicht kauen, sondern gleich hinunterschlucken. Wie viel Blinddarmkot die Kaninchen fressen, hängt vom Nahrungsangebot ab.

Der Blinddarmkot dient sozusagen dem Recycling. Hier werden Nährstoffe, wie Vitamine, aber auch Fettsäuren und Eiweiße ein zweites Mal verdaut, damit die Nahrung bis zum Letzten verwertet werden kann (siehe S. 65). Viele Kaninchen bekommen aber überreichlich zu fressen, sodass sie den Blinddarmkot nicht mehr fressen, und dieser wird dann von den Besitzern fälschlicherweise als Durchfall gedeutet. Kaninchen haben einen sehr großen Blinddarm, der ungefähr 40 % des gesamten Volumens des Verdauungstrakts ausmacht. Er befindet sich auf der rechten Bauchseite und enthält meist ziemlich flüssigen Inhalt. Der Darm von Kaninchen hat relativ wenig Muskulatur, und deshalb funktioniert die Verdauung quasi mechanisch, d. h., es muss von oben, sprich aus dem Magen, Nahrung kommen, damit die Nahrung im Darm weitergeschoben wird. Man bezeichnet dies auch als „Stopfmagen".

DER KLEINE UNTERSCHIED

Bei Rassekaninchen kann man häufig schon von Weitem erkennen, wer Rammler und wer Häsin ist. Die Rammler haben meist einen größeren Kopf und sind etwas größer und schwerer. Häsinnen haben oft (eine züchterisch nicht sehr erwünschte) Wamme. Das ist eine Hautfalte, die wie ein Halskragen aussieht.

WEIBLICHE KANINCHEN

Häsinnen haben eine Gebärmutter, die aus zwei Hörnern oder Schläuchen besteht, und einen geteilten Muttermund, der in einer Scheide mündet. Wenn man das Fell etwas

Lang ausgestreckt lässt es sich gut im Gartengehege entspannen.

zur Seite pustet, kann man sie gut sehen. Kaninchen haben keinen festgelegten Geschlechtszyklus. Allerdings werden Kaninchen in der warmen Jahreszeit bis zu einmal pro Woche brünstig, in der kalten Jahreszeit seltener oder gar nicht. Der Eisprung beim Kaninchen wird genau wie bei Katzen und Frettchen von der Bedeckung ausgelöst. Eine äußerst wirtschaftliche Einrichtung, so werden wertvolle Eibläschen nicht unnötig vergeudet. Brünstige Häsinnen sind oft sehr aktiv und können auch aggressiv werden und ihr Revier oder ihr Gehege stärker verteidigen als in sexuell inaktiven Phasen.

MÄNNLICHE KANINCHEN

Rammler haben zwei längliche, bohnenförmige, unbehaarte Hoden.
Die Hoden sind im Alter von ungefähr 12 Wochen sichtbar, können aber zeitlebens ganz gut in die Bauchhöhle hochgezogen werden, da der Leistenspalt beim männlichen Kaninchen sehr groß ist und sich im Lauf des Lebens nicht verkleinert.

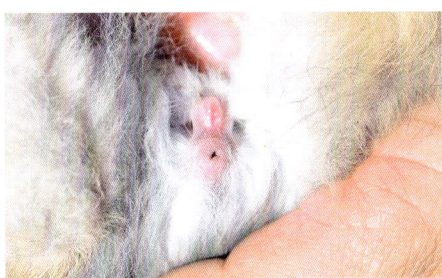

Weibliches Kaninchen

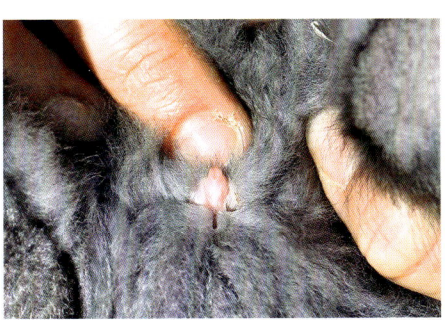

Männliches Kaninchen

GESCHLECHTSBESTIMMUNG

Rammler und Häsin

— Drehen Sie das Kaninchen auf den Rücken und schieben Sie mit Daumen und Zeigefinger das Fell im Genitalbereich vorsichtig auseinander. Direkt unter dem Schwanz befindet sich der After, darunter, in Richtung Bauch, die Geschlechtsöffnung. Sie erscheint punktförmig; zieht man sie leicht auseinander, erkennt man, dass sie beim weiblichen Kaninchen etwas länglich ist.

— Beim Rammler kann man dagegen, wenn man leicht auf den Bauch rechts und links der Genitalöffnung drückt, den Penis ausstülpen. Die Hoden eines Rammlers liegen beiderseits des Penis, sind bohnenförmig und unbehaart. Meist sind sie aber nicht zu sehen, da das Kaninchen sie in die Bauchhöhle ziehen kann.

— Vor allem bei jungen Kaninchen ist die Geschlechtsbestimmung nicht ganz einfach. Im Zweifelsfall fragen Sie also besser Ihren Tierarzt oder den Zoofachhändler – vor allem, wenn Sie nicht plötzlich einen ganzen Stall Kaninchen haben wollen.

Männliche Kaninchen sind kleine Sexprotze und können immer decken. Viele unkastrierte Rammler beginnen mit Eintritt der Pubertät im Alter von ungefähr 3 Monaten, ihr Revier, die Wände, Möbel oder auch den Besitzer mit Urin zu bespritzen. Das ist ein ganz normales Verhalten, wird von uns Menschen meist aber nicht besonders geschätzt. Die Kastration schafft hier Abhilfe. Am besten ist es, die kleinen Rammler im Alter von spätestens 3 Monaten zu kastrieren, damit es nicht zu ungewollten Unfällen kommt, denn der Fortpflanzungstrieb geht über Geschwisterliebe.
Werden zwei Rammler gemeinsam gehalten, müssen sie nicht zwingend kastriert werden. Meistens verstehen sich unkastrierte Rammler in einer Männer-WG gut und es kommt nur selten zu Beißereien oder Auseinandersetzungen.

Vielfalt in Farbe, Größe und im Aussehen

Kaninchen gibt es in allen möglichen Farben, Formen und Größen. Die kleinsten wiegen 1 kg, die echten Zwergkaninchen, und die größten, die Deutschen Riesen, können über 8 kg wiegen.

Rassekaninchen werden von vielen Menschen als Hobby gezüchtet und können auf Ausstellungen bewundert werden. Wenn Sie sich für ein Rassekaninchen interessieren, besuchen Sie den Züchter am besten selbst und machen sich ein Bild über die Haltungsbedingungen seiner Tiere. Viele Kaninchenzüchter bieten ihren Zuchttieren wirklich gute Bedingungen

Kaninchen gibt es in den unterschiedlichsten Farben, Formen und Größen.

mit Auslaufmöglichkeiten und Gehege-
haltung, andere wiederum tun es nicht, und
dort sollte man sich auch kein Kaninchen
kaufen. Gleiches gilt für die sogenannten
Hobbyzüchter. Auch hier gilt: Machen Sie
sich ein Bild und urteilen Sie selbst. Auch
im Tierheim sind Rassekaninchen zu finden.
Ein Besuch lohnt sich immer.
Kaninchenausstellungen, auf denen das
Aussehen der Tiere beurteilt wird, gibt es
in Deutschland seit 1881. Die Kaninchen-
zucht und -ausstellung hat also eine lange
Tradition. 1880 wurde in Chemnitz der
erste Rassekaninchenzuchtverein gegründet.
Dieser hatte jedoch nicht „ Der Schönste
möge gewinnen", sondern „Kaninchenfleisch
muss Volksnahrung werden" als Vereinsziel.
In Deutschland gibt es ungefähr 180.000
Kaninchenzüchter, die in verschiedenen Vereinen organisiert sind. Der größte Verein ist
der Verband der Deutschen Rassekaninchen-

GIBT ES KARIERTE KANINCHEN?

Ja, man nennt den Farbschlag japaner-
farben, und das Ziel ist es tatsächlich,
ein Kaninchen zu züchten, das von vorn
betrachtet kariert aussieht. Es wechseln
sich dunkle und helle Farbzeichnung
schachbrettartig ab. Das Japaner Kaninchen steht seit 2012 auf der Roten Liste
der vom Aussterben bedrohten Rassen.
In den USA und Großbritannien wurde
die Rasse aus patriotischen Gründen im
Zweiten Weltkrieg in Harlequin umbe-
nannt. Japaner Kaninchen gibt es in
verschiedenen Größen.

züchter (ZDRK), der wiederum aus vielen
Landes- und Kreisverbänden besteht. Dane-
ben gibt es auch noch andere, kleinere Ver-
bände wie den Bund Deutscher Kaninchenzüchter (BDK) und andere.

RASSESTANDARD

Für ungefähr 80 Kaninchenrassen gibt es
einen europaweit einheitlichen Standard.
Der Rassestandard ist sozusagen die Bau-
anleitung für ein Kaninchen. Im Standard
wird beschrieben, wie eine bestimmte Rasse
auszusehen hat und welche Körpermerkmale
unerwünscht sind.
So werden unter anderem die Kopfform,
der Körperbau, das Fell, die Farbe und Zeich-
nung und Verschiedenes mehr bewertet und
als Punktzahl ausgedrückt. Maximal können
100 Punkte erreicht werden.
Der Rassestandard gilt für zahlreiche Rassen
zwar europaweit, jedoch in den einzelnen
europäischen Ländern wird der Standard
durchaus unterschiedlich interpretiert, so dass
es zu nationalen Abweichungen kommen
kann.
Die nun im Folgenden beschriebenen Rassen
sind diejenigen, die bei uns am häufigsten
vorkommen.

01

RASSEN UND FARBSCHLÄGE

FARBZWERGE

Alle Zwergkaninchen mit einem farbigen Fell werden als Farbzwerge zusammengefasst. In Körperbau und Typ entsprechen sie der „Zwergkaninchen-Urform", dem Hermelin- kaninchen. Farbzwerge gibt es nicht nur in unterschiedlichen Farben, sondern auch mit kurzem und langem Haar, also Kurzhaar- oder Langhaarzwerge.
Auch Farbzwerge sollten nicht mehr als 2 kg wiegen.

WIDDERZWERGE

Etwas größer und schwerer als die Farbzwerge und im eigentlichen Sinn keine Zwergkanin- chen, da ihnen der erbliche Zwergwuchsfaktor fehlt, sind die Widderzwerge. Es gibt sie in denselben Farben wie die Farbenzwerge, ihr Kopf weist jedoch einige Besonderheiten auf. Er soll einen gebogenen Nasenrücken haben und im Profil „widderartig" aussehen. An den Ohransätzen befinden sich Wülste, die an Widderhörner erinnern. Das charakteris- tischste Merkmal: Schlappohren. Sie hängen, idealerweise 24 bis 28 cm lang, seitlich am Kopf hinab, wobei die Schallöffnungen innen liegen.

02

HERMELINKANINCHEN

Das Hermelinkaninchen ist ein weißer Zwerg, der zwischen 1,0 und 1,5 kg wiegen darf. Das Fell soll reinweiß, ohne gelbliche oder graue Verfärbungen sein. Hermelinkaninchen gibt es mit roten und blauen Augen. Die Rotaugen-Hermeline sind Albinos, also Tiere ohne jegliche Farbpigmente und daher auch besonders lichtempfindlich. Das Krallenhorn soll farblos und durchscheinend sein. Der Körper ist, wie bei allen Zwergen, gedrungen und walzenförmig und das Becken gut gerundet. Der Kopf soll ohne sichtbaren Hals auf dem Körper sitzen und im Vergleich zum Körper relativ groß sein.

Die Stirn und das Nasenbein sind breit, die Ohren sollen nicht länger als 6 cm sein. Hermelinkaninchen werden seit dem Ende des 19. Jahrhunderts gezüchtet, damals wegen ihres begehrten Pelzes. Sie sind sozusagen die Urform aller Zwergkaninchen.

ANGORAKANINCHEN

Ein ganz besonderes Langhaarkaninchen ist das Angorakaninchen. Diese langhaarigen Tiere wurden in erster Linie für die Wollproduktion gezüchtet. Die Haltung von Angorakaninchen ist außerordentlich schwierig. Da Angorakaninchen zumindest in Deutschland nicht mehr zur Wollproduktion gehalten werden (es lohnt sich einfach nicht), sollte man auf Bekleidung aus Angorawolle aus unbekannter Herkunft verzichten, da die Wolle meist aus China oder anderen Ländern kommt, in denen der Tierschutz überhaupt keine Rolle spielt.

Das extrem weiche Angorahaar wächst kontinuierlich, und die Kaninchen werden viermal jährlich geschoren. Deshalb sind sie als Schmusekaninchen nicht besonders gut geeignet. Angorakaninchen und ihre Mischlinge brauchen sehr viel Fellpflege und müssen regelmäßig auf Verfilzungen untersucht werden. Die Schur ist nur mit Spezialschermaschinen machbar, weil die Haare sehr fein sind und sich mit normalen Schermaschinen gar nicht scheren lassen. Das Scheren sollte deshalb von einem Fachmann durchgeführt werden.

03

04

01 *Typischer, lohfarbener Farbzwerg*

02 *Widderzwerge haben Schlappohren*

03 *Weißes Hermelinkaninchen*

04 *Angorakaninchen*

01

REXKANINCHEN

Beim Rex handelt es sich um Kurzhaarkanin-
chen mit besonders strukturierten Haaren.
Die Haare sind harsch, aber nicht gewellt und
stehen senkrecht auf dem Haarboden. Dadurch wird die typische Körperform besonders
gut sichtbar. Das Fell der Rexkaninchen ist
nicht besonders aufwendig zu pflegen und sie
„fusseln" auch viel weniger als andere Rassen.
Das macht sie in der Wohnung zu angeneh-
men Sofasitzern. Das Castor-Rex-Kaninchen
wiederum ist eine Farbvariante dieser Rasse.
Es ist rötlich oder kastanienbraun. Viele andere Farben sind möglich, z. B. dalmatiner-
farben, loh- oder fehfarben. Außerdem gibt
es Rexe in verschiedenen Größen.

LANGHAARZWERGE

Zwergkaninchen mit 5 bis 6 cm langen Haaren
werden auch Langhaarzwerge genannt. Die
Ohren, der Kopf und die Läufe sind allerdings normal, also kurz behaart. Diese besonders puscheligen Exemplare gibt es natürlich
auch wieder in allen möglichen Farbschat-
tierungen. Langhaarzwerge sind wegen ihres
plüschigen Fells sehr beliebt. Doch leider
sind sie auch sehr pflegeintensiv, vor allem um
den Po herum verfilzt das Fell oft und muss
geschoren werden.

02

HOLLÄNDER

Kaninchen mit Mütze und Hose. Die Farbverteilung von dunklem und hellem Fell erweckt den Eindruck, als ob das Kaninchen eine Mütze und eine Hose trägt. Der Holländer ist ein eher sportliches Kaninchen, Gewicht bis 3,2 kg. Holländerkaninchen gibt es in vielen verschiedenen Farben, am häufigsten sieht man jedoch schwarz-weiße Tiere.

RHÖNKANINCHEN

Das Rhönkaninchen ist eine junge Rasse und wurde 1980 zum ersten Mal in der DDR ausgestellt. Die Fellzeichnung des Rhönkaninchens soll an eine Birkenrinde erinnern. Genetisch sind Rhönkaninchen mit den Japaner-Kaninchen verwandt. Sie tragen das Japaner- und das Chinchilla-Gen. Gewicht bis 3,2 kg.

03

04

01 *Rexkaninchen haben eine besondere Haarstruktur. Die Tasthaare sind bei ihnen häufig sehr kurz.*

02 *Langhaarzwerge sind sehr plüschig, benötigen jedoch viel Pflege.*

03 *Der Holländer – das Kaninchen mit Mütze und Hose.*

04 *Rhönkaninchen haben Japaner- und Chinchilla-Gene.*

DEUTSCHER RIESE

Riesenkaninchen stammen ursprünglich aus
Flandern. Sie wurden um 1900 zum ersten
Mal nach Deutschland importiert und waren
damals auch noch leichter (4–5 kg), als sie es
heute sind. Heute wiegen die Tiere zwischen
8 und 9 kg. Allerdings hat man erkannt, dass
sehr große Exemplare nicht immer die ge-
sündesten sind. Daher wird heute auf einen
ausgeglichenen kräftigen Körper Wert gelegt.
Deutsche Riesen gibt es in verschiedenen Farben, meistens sieht man die graue Wildfarbe.

01

02

DEUTSCHE RIESENSCHECKEN

Entstanden um 1900 im Rheinland. Die Scheckenzeichnung ist genau festgelegt, so müssen die Tiere eine sogenannte Schmetterlingszeichnung an der Schnauze, eine dunkle Augeneinfassung und einen Wangenfleck aufweisen. Auch die Scheckzeichnung am Körper ist genau definiert. Riesenschecken werden 8 – 9 kg schwer. Anerkannte Farben sind: schwarz, blau (grau) und havannafarbig (braun). Da die Rasse spalterbig ist, werden auch einfarbige Kaninchen geboren.

ALASKA

Alaskakaninchen sind sehr weitverbreitet. Es sind schwarze Kaninchen, deren Fell dem eines Alaskafuchses gleichen soll. Auch sie gibt es in verschiedenen Größen.

HASENKANINCHEN

Hasenkaninchen sind nicht, wie der Name vermuten lässt, eine Kreuzung aus Kaninchen und Hasen, das ist nämlich nicht möglich. Die beiden Tierarten lassen sich nicht miteinander kreuzen, schon allein weil sie eine unterschiedliche Anzahl an Chromosomen haben (siehe S. 8).
Hasenkaninchen stammen ursprünglich aus Belgien und wurden in England um 1900 sehr populär. Hier in Deutschland wurde die Züchtung erst in den letzten Jahren etwas bekannter. Hasenkaninchen haben eine sehr schlanke Körperform, die stark an die eines Hasen erinnert. Sie sind relativ groß und wiegen ausgewachsen zwischen 3,5 und 4,2 kg. Es gibt sie in verschiedenen Farbschlägen. Zur Wohnungshaltung sind sie nicht geeignet; Hasenkaninchen sind sehr lebhaft und brauchen viel Auslauf. Sie haben ein kurzes, glänzendes Fell, und sie sind als Haustiere im Garten eine echte Augenweide. Aufgrund ihres Charakters eignen sie sich für Kinder aber weniger, da sie ziemlich zappelig und selbstbewusst sind.

03

04

01 Ein Deutscher Riese in „Sonderlackierung" Gelb.

02 Riesenschecken haben schwarze Flecken im weißen Fell.

03 Alaskakaninchen sind immer schwarz.

04 Kaninchen im Hasenpelz: das Hasenkaninchen.

Kaninchen sind Rudeltiere und brauchen einen Partner.

ZWERGKANINCHEN-LEXIKON

PERIANALDRÜSEN

Kaninchen kommunizieren über Duftstoffe miteinander. Seitlich des Afters haben sie Duftdrüsen, die den Kot mit einem speziellen Geruch überziehen. Diese paarigen Drüsen werden auch als „Geschlechtsecken" bezeichnet. Das eingetrocknete Sekret dieser Drüsen kann man aus diesen Falten neben dem After entfernen. Da Kaninchen ihr Revier mit dem Kot markieren, ist das Sekret der Perianaldrüsen das Parfüm der kleinen Langohren.

BLINDDARMKOT

Kleine zusammenhängende, meist etwas klebrige Kotkügelchen, die selten im Gehege zu finden sind. Der Blinddarmkot wird von den Tieren aufgefressen und ist wichtig für die Versorgung mit Vitamin B und Biotin. Blinddarmkot wird meistens in Ruheperioden produziert. Übergewichtige Tiere können den Blinddarmkot nicht mehr direkt vom After aufnehmen und haben deshalb Verklebungen am After, die von vielen Besitzern für Durchfall gehalten werden.

BLUME

Die Afterregion wird von Jägern und Kaninchenzüchtern als Blume bezeichnet.

DOMINANZ

Da Kaninchen Rudeltiere sind, gibt es im Rudel immer ein oder mehrere Tiere, die dominant sind. Sie sind die „Chefs" des Rudels. Sowohl Häsinnen als auch Rammler können dominant sein.

GESCHLECHTSREIFE

Im Alter von 3 bis 4 Monaten sind Kaninchen geschlechtsreif, d. h., sie können sich paaren und Nachwuchs bekommen.

HÄSIN

Bezeichnung für ein weibliches Kaninchen, auch wenn ein Kaninchen kein Hase ist.

KASTRATION

Dabei werden die Geschlechtsdrüsen entfernt. Beim Rammler die Hoden, bei der Häsin die Eierstöcke. Meist werden die Rammler kastriert, da der Eingriff bei ihnen einfacher und mit weniger Komplikationen verbunden ist. Sie werden dadurch etwas ruhiger und weniger dominant.

LAUSCHER

Lauscher ist eine Bezeichnung für die Ohren in der Jägersprache.

LOSUNG

Der Kaninchenkot wird in der Sprache der Jäger als Losung bezeichnet.

NESTHOCKER

Sind die Jungtiere unreif und hilflos bei der Geburt, bezeichnet man sie als Nesthocker. Kaninchen werden blind und nackt geboren und sind im Gegensatz zu Hasen Nesthocker. Hasen werden mit einem fertigen Fell geboren und können gleich nach der Geburt schon sehen.

OHRENSPIEL

Die Kaninchenohren sind sehr beweglich und lassen sich wie kleine Schalltrichter hin und her bewegen. Wenn ein Kaninchen aufmerksam Geräuschen lauscht, kann man das Ohrenspiel beobachten.

RAMMLER

Bezeichnung für männliche Kaninchen. Sie kommt vom Geschlechtsakt, der „Rammeln" genannt wird.

REVIER

In der freien Natur leben Kaninchenfamilien in einem Revier. Dies ist ein bestimmter Bezirk, in dem sie ihren Bau haben und der mit Kot markiert wird. Damit wissen andere Kaninchen: „Halt, hier wohnt jemand!" Das Revier wird vom Rudel gegen Eindringlinge und Feinde verteidigt.

TASTHAARE

Am Kopf, um die Augen und um die Nase haben Kaninchen sehr lange, wie Antennen abstehende Haare. Sie sind mit empfindlichen Nerven verbunden und registrieren kleinste Berührungen. Sie dürfen auf keinen Fall abgeschnitten werden, sonst können Kaninchen sich nicht mehr orientieren.

URIN

Der Urin ist bei Kaninchen meist trüb, schlierig und kann auch etwas dickflüssig sein. Je nach Fütterung kann er sogar rot werden und wie Blut aussehen (S. 17). Der Urin dient auch als Duftstoff für die Reviermarkierung.

WAMME

Die Wamme ist eine Hautfalte am Hals, die besonders bei älteren Häsinnen stark ausgeprägt ist. Sie sieht aus wie ein Fellkragen. Die trächtigen Häsinnen rupfen sich Haare aus der Wamme, um damit das Nest für die Jungen weich und kuschelig zu polstern.

WIDDER

Kaninchen mit Hängeohren. Die Kopfform ähnelt der eines Widders. Sie sind zwar klein, aber keine echten Zwergkaninchen, da ihnen der erbliche Zwergwuchsfaktor fehlt.

ZWERGWUCHSFAKTOR

Genetische Besonderheit, die dafür verantwortlich ist, dass die Tiere besonders klein bleiben. Zwergkaninchen tragen den Zwergwuchsfaktor und vererben ihn an ihren Nachwuchs.

Die Tasthaare registrieren kleinste Berührungen.

So fühlen sich Kaninchen wohl

— Sie sind gesellig, lieben Platz zum Toben und viel Grün zum Futtern.

Der Wunsch nach eigenen Kaninchen

Bald ist es so weit und Ihre kleinen Langohren werden bei Ihnen einziehen. Bereiten Sie die Ankunft gut vor, damit sich die Kaninchen gleich wohlfühlen. Hier finden Sie alles über die artgerechte Haltung und Ernährung.

Kaninchen finden auch in einer kleineren Wohnung Platz. Doch ein ruhiges Plätzchen, an dem das Zimmergehege stehen kann, muss dennoch gefunden werden. Außerdem sollte regelmäßiger Freilauf in der Wohnung, auf dem Balkon oder im Garten möglich sein, denn Kaninchen brauchen Bewegung. Die Lebenserwartung eines Kaninchens liegt bei etwa 8 – 10 Jahren, in dieser Zeit sind Sie für die Tiere verantwortlich. Planen Sie genügend Zeit für die tägliche Fütterung und Beschäftigung mit den Langohren, für Pflege und das Saubermachen des Geheges ein. Und natürlich kann ein Kaninchen auch einmal krank werden, sodass ein Tierarztbesuch und eine intensivere Pflege notwendig werden.

Mit etwas Geduld fassen die kleinen Langohren schnell Vertrauen zu ihren Menschen.

IM DUTZEND GLÜCKLICH

Kaninchen sind Rudeltiere und leben in der Wildnis in Gruppen. Deshalb sollten sie auch als Heimtiere immer zusammen mit mindestens einem Artgenossen gehalten werden. Der Mensch, beschäftigt er sich auch noch so viel mit seinem Kaninchen, kann niemals vollständiger Ersatz für einen Artgenossen sein. Am besten, Sie nehmen von Anfang an zwei Wurfgeschwister, so gibt es keine Eingewöhnungsschwierigkeiten. Das Aneinandergewöhnen von zwei fremden Tieren funktioniert ansonsten am besten mit Jungtieren im Alter von bis zu drei Monaten. Wenn sich die Tiere noch nicht kennen, darf man sie zuerst nur unter Aufsicht zusammenlassen, und jedes sollte zunächst auch einen abgetrennten Bereich im Gehege haben. Sobald die beiden aber mit dem Duft des Gegenübers vertraut sind, gibt es in der Regel keine Probleme mehr. Bei älteren Tieren dauert die Eingewöhnungsphase meist länger und man braucht mehr Geduld. Manchmal kann man aus dem Tierheim auch ein zweites Tier zum „Probewohnen" bekommen. So kann man testen, ob es sich mit dem Artgenossen zu Hause versteht.

RAMMLER ODER HÄSIN?

Möchten Sie zwei oder mehr Kaninchen halten, sollten Sie Folgendes beachten: In Gruppen, in denen die Geschlechter gemischt sind, vermehren sie sich nämlich buchstäblich „wie die Kaninchen".

Wollen Sie ein Männchen und ein Weibchen zusammen halten, sollten Sie den Rammler spätestens mit Eintritt der Geschlechtsreife, also etwa im Alter von 3 Monaten, kastrieren lassen. Viele Tierärzte führen auch die sog. Frühkastration im Alter von 8 Wochen durch. Hält man zwei Männchen zusammen, kann es zu Rangordnungskämpfen kommen, dann müssen die beiden natürlich kastriert werden. Vertragen sie sich aber gut, ist eine Kastration nicht zwangsläufig notwendig.

Oft wird von der paarweisen Haltung von Häsinnen abgeraten. Meistens funktioniert das aber doch problemlos, vor allem, wenn die Tiere sich von klein auf kennen (z. B. Wurfgeschwister). Natürlich kann es immer einmal zu kleineren Rangeleien kommen. Das ist ein ganz normales Verhalten, wie es in jedem Rudel vorkommt. Die Tiere klären so ihre Rangordnung untereinander (siehe S. 80 ff.).

001

Zum Film: Vergesellschaftung

Checkliste

10 X JA ZU ZWERGKANINCHEN:

☐ Haben Sie genügend Zeit für die Versorgung Ihrer Kaninchen, d. h. täglich füttern, Gehege reinigen, Freilauf sowie eventuelle Tierarztbesuche?

☐ Falls die Kaninchen ein Wunsch Ihres Kindes sind: Kann es schon einen Teil der Aufgaben übernehmen und sind Sie bereit, die Verantwortung für die Tiere zu tragen?

☐ Haben Sie einen geeigneten Platz für ein ausreichend großes Gehege?

☐ Haben die Kaninchen die Möglichkeit zum Freilauf im Haus oder, noch besser, im Garten oder auf dem Balkon?

☐ Sind Sie tolerant gegenüber dem Schmutz, den Kaninchen mitbringen?

☐ Falls schon andere Tiere zur Familie gehören: Werden sie sich mit den Kaninchen verstehen, oder können die Kaninchen sicher „außer Reichweite" untergebracht werden?

☐ Kennen Sie einen zuverlässigen Menschen, der sich um die Tiere kümmert, wenn Sie einmal nicht da sind?

☐ Hat niemand in der Familie eine Tierhaarallergie?

☐ Sind alle Familienmitglieder mit der Haltung von Kaninchen einverstanden?

☐ Sind Sie bereit, für eventuelle Schäden, die die Kaninchen durch Nagen angerichtet haben, aufzukommen?

ANDERE TIERE IM HAUSHALT

Hunde und Katzen sind Raubtiere und sehen Kaninchen zunächst einmal als interessante Spielobjekte und womöglich als eine willkommene Abwechslung auf dem Speiseplan. Da Kaninchen zu den Beutetieren von Hund und Katze gehören, ist es mitunter schwierig, diesen klarzumachen, dass man die neuen Hausgenossen nicht jagen oder gar fressen darf. Zur Eingewöhnung lassen Sie die Kaninchen zunächst im Gehege. Ihre anderen Haustiere können sich aus der Entfernung bereits etwas an die neuen Mitbewohner gewöhnen. Die Kaninchen haben gleichzeitig die Gelegenheit, sich mit dem Hunde- und Katzengeruch vertraut zu machen. Haben sich die Langohren gut eingelebt (das kann mehrere Wochen dauern), können Sie versuchen, ein Kaninchen Kontakt mit dem anderen Haustier aufnehmen zu lassen, aber immer nur unter Ihrer Aufsicht. Nehmen Sie Ihren Hund an die Leine und behalten Sie Ihre Katze im Auge. Ein Raubtier wird immer ein Raubtier bleiben, und selbst wenn Hund oder Katze mit den Kaninchen nur Fangen spielen wollen, versetzt das den Mümmelmann in Angst und Schrecken.

Auch wenn Kaninchen und Katzen oder Hunde scheinbar friedlich miteinander auskommen, der schöne Schein kann trügen. Es bedeutet immer ein gewisser Stressfaktor für die Kaninchen. Als Kaninchen hat man keine zweite Chance, wenn man einmal von einem „Räuber" gepackt wird! Deshalb meine Bitte: Lassen Sie die Kaninchen und andere Haustiere wie Hund oder Katze nie allein zusammen. Sichern Sie Innen- und Außengehege so ab, dass andere Tiere keinen Zugang haben.

so geschickt, dass sie ein Kaninchen auch dann noch sicher und ohne es zu verletzen halten können, wenn es einmal zappelt. Doch die Verantwortung für die Tiere tragen immer die Eltern. Ein Kind kann Aufgaben wie Fütterung, Pflege, Beschäftigung übernehmen, aber nicht die alleinige Verantwortung.

ALLERGIEN

Tierhaarallergien sind unangenehm und bestehen meist ein Leben lang. Haben Sie Familienmitglieder mit Heuschnupfen, ist es auf jeden Fall ratsam, einen Allergietest auf Kaninchenhaare durchführen zu lassen, bevor Sie sich die Tiere holen. Sich schon nach wenigen Tagen wegen einer Allergie wieder von ihnen trennen zu müssen, ist vor allem für Kinder eine sehr traurige Erfahrung. Und viele Kaninchen finden nicht sofort wieder ein neues Zuhause, sondern werden im Tierheim abgegeben. Dort werden sie zwar gut versorgt, doch die Tierheime sind dem Ansturm an unbedacht angeschafften Tieren nicht mehr gewachsen. Deshalb: Anschaffungen immer gut überlegen.

KANINCHEN UND KINDER

Zwergkaninchen sind friedliebende Zeitgenossen und stellen keinesfalls eine Gefahr für ein Baby dar. Eher umgekehrt: Kleine Kinder, vor allem im Krabbelalter, stellen dem Kaninchen nach und versuchen es zu fangen, fassen dabei vielleicht auch etwas grob zu. Das Kaninchen fühlt sich gejagt, bekommt Angst und wird womöglich verletzt. Dabei kann es auch zu Kratzern beim Kleinkind kommen. Kaninchen haben sehr scharfe Krallen und können tiefe Kratzer hinterlassen. Bei der Neuanschaffung von Kaninchen für ein Kind sollte dieses mindestens im Schulalter sein, um sich auch wirklich verantwortungsvoll um die Tiere kümmern und mit ihnen umgehen zu können. Außerdem sind Kinder in diesem Alter auch motorisch schon

Schmusestunde im Garten.

WENN DAS KANINCHEN KRANK WIRD

Leider kann ein Kaninchen auch bei optimalen Haltungsbedingungen einmal krank werden. Wer kümmert sich dann um das Tier? Wer verzichtet auf Freizeitvergnügungen oder gar den Urlaub, bringt es zum Tierarzt, gibt ihm Medikamente, badet es, versorgt es, macht es sauber, putzt ihm vielleicht auch den Po, wenn es Durchfall hat und sich selbst nicht mehr richtig putzen kann? Klären Sie dies vor der Anschaffung, denn erfahrungsgemäß bleiben diese Aufgaben an den Eltern hängen. Kranke Kaninchen benötigen oft intensive Betreuung. Bei manchen Erkrankungen müssen mehrmals täglich Medikamente gegeben werden, die Tiere gefüttert werden oder mehrmals täglich gesäubert werden. Das erfordert ganzen Einsatz und es müssen kostbare Urlaubstage geopfert werden.

„Männchen-Machen" verschafft den besseren Überblick.

URLAUBSBETREUUNG

Fast jeder möchte auch irgendwann einmal in Urlaub fahren, und spätestens dann stellt sich die Frage: „Wohin mit den Kaninchen?" Besser ist es, schon vorher daran zu denken, was dann mit den Tieren geschehen soll. Tierheime, Zoofachgeschäfte und Tierpensionen bieten Urlaubspflege für Zwergkaninchen an. Informieren Sie sich aber genau über die Bedingungen, und legen Sie den Preis fest. Schauen Sie sich die Unterbringung vorher genau an, Ihre Tiere sollen sich ja auch während Ihres Urlaubs wohlfühlen. Viele Tierbesitzer ziehen es jedoch vor, die Urlaubspflege privat zu organisieren. Vielleicht bietet eine Annonce in der lokalen Presse die Möglichkeit, andere Kaninchenhalter kennenzulernen? Oft ist auch ein Aushang beim Tierarzt hilfreich. Wenn man Kinder hat, kann man sich in der Klasse erkundigen und wird erstaunt sein, wie viele Kinder Kaninchen oder auch Meerschweinchen besitzen. Während der Schulferien kann man so vielleicht einen richtigen Urlaubspflegedienst organisieren.

KAUF VON ZWERGKANINCHEN

Natürlich ist es schön, sich ein junges Kaninchen beim Züchter oder im Zoofachgeschäft auszusuchen. Doch es lohnt sich auch der Gang ins Tierheim. Im Tierheim gibt es oft eine große Zahl von jungen, alten, großen und kleinen Kaninchen, auch das eine oder andere Rassekaninchen ist dort zu finden. Diese Tiere haben oft den Vorteil, dass sie bereits an Menschen gewöhnt sind. Außerdem sind die Rammler meist kastriert. Das Tierheimpersonal steht mit Rat und Tat zur Seite, und manchmal gibt es auch die Möglichkeit, über sogenannte Betreuungsverträge das Zusammenleben erst einmal auszuprobieren. Erst nach einer Eingewöhnungszeit entscheidet man sich endgültig für das oder die Kaninchen. Kaufen Sie ein Tier beim Züchter, dann schauen Sie sich die Unterbringung und den Pflegezustand der Kaninchen an. Verzichten Sie auf den Kauf, wenn Ihnen die Haltungsbedingungen nicht gefallen. Mit Mitleidskäufen helfen Sie niemandem. Außerdem riskieren Sie, ein krankes Tier mit nach Hause zu nehmen, und das neue Kaninchenglück wird beim Tierarzt schnell zum Kaninchenalbtraum.

Checkliste

WAS BEIM KAUF ZU BEACHTEN IST:

☐ Die Kaninchen leben in großen Gehegen, im Zoofachhandel in großen Verkaufskäfigen.

☐ Die Gehege sind sauber und befinden sich in einem hellen, luftigen Raum.

☐ Die Kaninchen werden nach Geschlechtern getrennt gehalten.

☐ Beim Züchter achten Sie auch auf die Muttertiere: Sehen sie gepflegt und nicht abgemagert aus? Bekommen sie regelmäßig Schutzimpfungen?

☐ Die Kaninchen haben genug zu fressen und frisches Heu zur Verfügung.

☐ Futter- und Wasserbehälter sind sauber.

☐ Die Kaninchen sind putzmunter, lebhaft, spielen miteinander und sind an ihrer Umwelt interessiert.

☐ Die Augen sind klar und glänzend, das Fell ist sauber und liegt glatt an.

☐ Die Tiere sind sauber, das Hinterteil ist nicht mit Kot verunreinigt.

☐ Die Krallen sind nicht zu lang und gerade gewachsen.

☐ Bei der Abgabe sind die Kaninchen mindestens 7 bis 8 Wochen alt.

☐ Zoofachhändler, Züchter oder Tierschutzmitarbeiter sollten sich genügend Zeit für Ihre Fragen nehmen, Sie beraten und auch einen Kaufvertrag aufsetzen.

Kaninchen sind geschickte Kletterkünstler.

RECHTSRATGEBER

KAUFVERTRAG

Beim Kauf eines Tieres gehen Sie mit dem Verkäufer generell immer einen Kaufvertrag ein. Nun wird beim Kaninchenkauf im Zoofachgeschäft meist kein schriftlicher Vertrag geschlossen, während Züchter schon eher ein solches Schriftstück aufsetzen und Tierheime meist sogenannte Schutzverträge abschließen. Aber auch ohne Unterschrift auf dem Papier ist ein Kauf immer auch ein Vertrag. Stellt sich beispielsweise heraus, dass man ein krankes Tier erworben hat, so kann man als Käufer jederzeit sein Gewährleistungsrecht in Anspruch nehmen. Dies bedeutet, dass man einen Preisnachlass aushandeln kann oder das Tier zurückgeben darf. Bei Krankheiten ist es natürlich schwierig zu entscheiden, ob das Tier bereits beim Kauf krank war oder nicht. Im Zweifelsfall muss man das vom Tierarzt klären lassen.

GESCHÄFTSFÄHIGKEIT

Kinder und Jugendliche bis zum 16. Lebensjahr dürfen ohne die Zustimmung ihrer Eltern kein Tier kaufen. Wenn ein Kind also auf eigene Faust ein Kaninchen kauft, können die Eltern das Tier wieder zurückbringen und müssen das Geld zurückbekommen. Ein solcher Kauf ist nicht rechtsgültig. Verantwortungsbewusste Zoofachhändler und Züchter verkaufen aber sowieso keine Tiere an Kinder ohne Erwachsenenbegleitung.

HALTUNG IN DER MIETWOHNUNG

Ist die Haltung von Kaninchen im Mietvertrag nicht ausdrücklich verboten, so kann man davon ausgehen, dass man zwei Kaninchen in der Wohnung halten darf. Heimtierhaltung gehört heutzutage zur allgemeinen Lebensführung und kann vom Vermieter eigentlich nicht verboten werden. Anders sieht es bei der Haltung von mehreren Tieren oder gar einer ganzen Zucht aus.

Erhöhte Plätze sind sehr beliebt und werden manchmal auch geteilt.

Natürlich gibt es auch Einschränkungen. Entsteht durch die Kaninchenhaltung eine Geruchs- oder sonstige Belästigung der anderen Mitmieter, kann der Vermieter die Tiere verbieten. Für Schäden muss selbstverständlich der Halter aufkommen. Wenn die Gehegeeinstreu z. B. in der Toilette entsorgt wird, diese deshalb verstopft und die Rohre dann aufwendig gereinigt werden müssen, wird der Halter zur Kasse gebeten. In einem solchen Fall darf der Vermieter auch die Abschaffung der Tiere verlangen.

HALTUNG IM FREIEN

Jedes Bundesland hat unterschiedliche Bestimmungen über die Errichtung von Gehegen im Freien. Dies ist in der jeweils gültigen Bauordnung festgehalten. In der Regel ist die Errichtung eines Kaninchengeheges im Garten nicht genehmigungspflichtig, sicherheitshalber sollten Sie sich aber bei der örtlichen Baubehörde erkundigen. Ein Gespräch mit dem Nachbarn ist ebenfalls empfehlenswert

und kann spätere Konflikte und auch viel Leid verhindern. Leider gibt es Menschen, die sich von Kaninchen im Garten durchaus gestört fühlen.

WENN DAS KANINCHEN STIRBT

Das Tierkörperbeseitigungsgesetz schreibt vor, was mit toten Tieren zu tun ist. Besitzt man ein eigenes Grundstück, darf man einen Kleintierkörper dort begraben. Voraussetzung ist aber, dass sich der Garten nicht an öffentlichen Wegen oder im Grundwasserschutzgebiet befindet. Wenn man keinen Garten hat, kann man das Tier auf einem Tierfriedhof bestatten. Manchmal kann man das Tier auch zum Tierarzt bringen, der es gegen eine Gebühr abholen lässt. Es gibt auch spezielle Tierbestatter, die meist mit Tierärzten zusammenarbeiten. Sie holen das tote Tier ab und der Tierkörper kann dort in einem speziellen Tierkrematorium verbrannt werden. Die Asche kann man dann in einer kleinen Urne begraben.

Warum Zwergkaninchen?
— Ein Interview mit Mirko Luft

Mirko Luft hält seit seiner Kindheit Kaninchen und möchte die Liebe zu diesen Tieren auch seinem Sohn nahebringen. Wir haben ihn als langjährigen Halter gefragt, was er an seinen Tieren so liebt.

Hier stimmt das Vertrauen zwischen Mensch und Kaninchen.

Herr Luft, seit wann sind Sie mit Tieren verbunden und wann haben Sie die Liebe zu den Langohren entdeckt?

Haustiere halte ich, seitdem ich ca. 4 Jahre alt bin. Meine Eltern hielten es für wichtig, dass ich frühzeitig Umgang mit Tieren habe, damit ich lerne, Verantwortung zu übernehmen. Mein erstes (Zwerg-)Kaninchen (Russe) habe ich mit 11 Jahren bekommen. Seitdem halte ich Kaninchen (seit 28 Jahren).

Haben Sie unterschiedliche Rassen gehalten und, wenn ja, hat es Ihnen eine besonders angetan?

Im Lauf der Zeit hatte ich verschiedene Kaninchenrassen und habe dabei festgestellt, dass jede Rasse ihren eigenen Charakter hat. Seit einigen Jahren halten wir zwei Deutsche Riesen (diese Rasse ist allerdings aufgrund des Bedarfs an Platz, der Futtermenge und des anfallenden Mists nicht für die Haltung in einer Wohnung geeignet).

Gemeinsames Buddeln im Sandkasten ...

... und Toben auf der Wiese.

Was macht für Sie die Faszination aus, Kaninchen zu halten und nicht etwa ein anderes Heimtier?

Was das Halten von Kaninchen für mich interessant macht, ist das unverwechselbare Wesen dieser Tiere. Kaninchen sind entgegen ihres Rufes recht intelligente Tiere, man kann ihnen auch das ein oder andere beibringen. Außerdem sind sie gesellig und suchen auch die Nähe zum Menschen durchaus selbst, wenn man ein entsprechendes Vertrauensverhältnis zu ihnen aufgebaut hat.

Es bereitet mir große Freude, den Tieren zuzusehen, wenn sie im Garten ihre gute Laune austoben, sich genüsslich auf dem Boden herumwälzen oder mal nachsehen, was unser 3-jähriger Sohn so im Sandkasten macht. Was für andere Kinder exotisch ist, ist für unseren Sohn ganz normal. Er spielt im Sandkasten und baut Burgen, während die Kaninchen nebenan Tunnel buddeln. Somit ist im Sandkasten immer etwas los.

Wer kümmert sich um die Tiere, wenn Sie im Urlaub sind?

Die Versorgung der Tiere im Urlaub ist verhältnismäßig einfach. Bisher hat sich immer ein Nachbar gefunden, der die Tiere versorgt. Da unsere Kaninchen sehr groß sind, ist es schwierig, sie in einer Pension oder bei Freunden in Urlaubspflege zu geben. Aber gerade unsere älteren Nachbarn hatten früher selbst „Stallhasen" und freuen sich, wenn sie unsere beiden Riesen für einige Zeit versorgen dürfen. Das hat bis jetzt immer sehr gut funktioniert und alle haben ihre Freude. Wir können beruhigt in den Urlaub fahren und bei unseren Nachbarn werden Erinnerungen an frühere Zeiten wach.

„Jedes hat seinen ganz eigenen Charakter!"

41

Eine Traumvilla für Zwerge

Treffen Sie einige Vorbereitungen, bevor Sie die kleinen Hoppler zu sich nach Hause holen. So werden die ersten Tage ganz entspannt für die Menschen und die Tiere.

Die neuen Hausgenossen brauchen ein Gehege, das einen festen Platz in der Wohnung bekommen sollte. Vielleicht haben Sie auch die Möglichkeit, die Tiere zeitweise oder ganzjährig im Garten zu halten? Auch einen schönen Frischluftplatz auf dem Balkon mögen die Nager gern.

SCHÖNER WOHNEN, GLÜCKLICH LEBEN

Kaninchenkäfige werden von Zoogeschäften in verschiedenen Größen angeboten. Allerdings ist die Haltung von Kaninchen in Käfigen weder tierschutzgerecht noch zeitgemäß. Es empfiehlt sich, die Tiere in Gehegen zu halten. Auch Zoofachgeschäfte bieten heutzutage Gehege für die Wohnung und den Garten an. Für kleine Kaninchen sollten Sie dabei ca. 2 m², für größere ca. 3 m²/Tier einplanen. Kaninchen sollten wirklich nur dann im Käfig gehalten werden, wenn es unbedingt notwendig ist, z. B. wenn sie krank sind. Nur in einem Käfig kann man beobachten, ob das Kaninchen frisst und trinkt. Werden die Kaninchen ganzjährig im Freien gehalten, sollte man sie unbedingt nachts vor Fressfeinden wie Füchsen, Mardern oder auch Katzen schützen. Dazu können sie nachts in ein Zimmergehege verbracht werden oder man hat im Gehege ein großes

Kaninchenhaus, das gesichert werden kann. Leider ist die sogenannte Einzelhaltung von Kaninchen in Kastenkäfigen in Deutschland immer noch erlaubt. Die Schweiz hat ein wesentlich besseres Tierschutzgesetz. Dort müssen selbst Mastkaninchen in Gruppen mit Auslauf gehalten werden.

FUTTERNAPF UND HEURAUFE

Der Futternapf sollte aus Steingut bestehen. Er kippt dann nicht so leicht um wie ein leichter Napf aus Metall oder Kunststoff. Kaninchen turnen nämlich ganz gern in ihren Futternäpfen herum. Ein nach innen

GRUNDAUSSTATTUNG

— Gehegebauteile oder fertiges Gehege
— Nippeltränke, Wassernapf
— Steingutfutternapf
— Heuraufe
— Häuschen
— Einstreu (Strohpellets oder Holzspäne)
— Heu
— evtl. Kaninchenfutter (siehe S. 32)
— Vitamintropfen
— Krallenzange
— Noppenhandschuh oder Bürste für die Fellpflege
— Transportbox
— Kaninchentoilette

002

Zum Film: Gehege einrichten

Besser als bunte Mischungen – buntes Gemüse.

gebogener Rand verhindert, dass die Kaninchen das Futter allzu leicht aus dem Napf herausscharren können. Steingutnäpfe sind außerdem leicht zu reinigen.

Eine Heuraufe, die etwas höher angebracht ist, empfiehlt sich ebenfalls. Das verhindert, dass das Heu als Kuschelunterlage missbraucht und womöglich noch gefressen wird, wenn es verschmutzt ist. Außerdem muss das Kaninchen ein wenig Gymnastik machen, wenn es sich nach dem Heu reckt.

Heuraufen, die oben offen sind und innen am Trenngitter eingehängt werden, können zu Verletzungen führen, wenn die Tiere hineinklettern und hängen bleiben. Man kann die Raufe zur Sicherheit auch außen am Trenngitter anbringen, eine sogenannte Schalenraufe verwenden oder die Raufe einfach mit einem Holzbrett abdecken. Kaninchen schätzen das auch als erhöhten Sitzplatz. Im Zoofachhandel werden verschiedene Heuraufen angeboten. Die Auswahl ist riesig und für jeden Geschmack lässt sich die passende Heuraufe finden.

Anstatt einer Heuraufe kann man aber auch einen „Heusack" im Gehege anbringen. Dafür eine alte Socke oder einen alten Leinenbeutel mit Heu füllen, ein Loch hineinschneiden, durch das die Kaninchen das Heu herausziehen können, und am Trenngitter anbringen.

Die Socke als Heusack – einfach und lecker.

WASSERNAPF UND NIPPELTRÄNKE

Den Zwergkaninchen muss den ganzen Tag frisches Wasser zur Verfügung stehen. Hierfür eignet sich eine Nippelflasche. Sie verhindert, dass das Trinkwasser verschmutzt wird, und man kann so auch kontrollieren, wie viel Wasser die Zwerge zu sich nehmen. Die meisten Kaninchen sind den Gebrauch dieser Trinkflaschen schon vom Züchter oder aus dem Zoofachgeschäft gewöhnt, ansonsten lernen sie es schnell. Achten Sie auf tropfdichte Flaschen. Beobachten Sie Ihre Kaninchen, ob sie genug Wasser aus den Nippeltränken aufnehmen. Haben Ihre Kaninchen Schwierigkeiten oder möchten Sie selbst keine Nippeltränke verwenden, können Sie auch einen Wassernapf aufstellen. Damit das Wasser nicht verschmutzt wird, stellen Sie die Schale am besten auf einen Ziegelstein oder in eine höhere Etage des Geheges. Das Wasser muss täglich gereinigt werden. Als Näpfe eignen sich kleine Keramikschalen. Sie sind relativ schwer, fallen nicht so schnell um und lassen sich gut reinigen. Plastiknäpfe werden oft benagt, und es kann durch das Abschlucken der Teilchen zu Darmverletzungen kommen.

SCHLAFHÄUSCHEN

Als Höhlenbewohner brauchen Kaninchen unbedingt eine geschützte Rückzugsmöglichkeit. Deshalb bekommt jedes Kaninchen sein eigenes Schlafhäuschen. Kunststoffhäuschen sind ungeeignet; sie sind zwar hygienischer als Holzhäuschen, abgenagte Kunststoffteile können im Kaninchenmagen aber gefährlich werden. Außerdem ist die Luftzirkulation in ihnen sehr schlecht. Holzhäuschen können gefahrlos benagt werden und sind atmungsaktiv. Es gibt sie in verschiedenen Größen und Formen zu kaufen. Achten Sie darauf, dass das Haus zwei große Türen besitzt. Auch ein Stück von einem hohlen Baumstamm kann als Schlafhöhle dienen. Sobald die Ränder der Häuschen so stark benagt sind, dass sich die Tiere an scharfen Kanten verletzen könnten, müssen sie ausgetauscht werden.

KANINCHENTOILETTE

Kaninchen sind reinliche Tiere und legen in der freien Natur Toilettenplätze für ihren Kot und ihren Urin an, sodass sie idealerweise zwei Toiletten zur Auswahl haben sollten, denn sie verrichten das große und das kleine

Spiel und Spaß im Kaninchengehege.

Recycling – Pappkartons als Kaninchenbehausung sind sehr beliebt.

Geschäft an verschiedenen Plätzen. Die Toiletten kommen zum einen dem Sauberkeitsgefühl der Tiere entgegen, zum anderen erleichtern sie die Gehegereinigung ungemein und helfen außerdem noch Einstreumaterial zu sparen. Kaninchen lieben größere Toiletten, in denen sie sich ausstrecken können. Manche Kaninchen mögen überdachte Katzentoiletten gern, andere wiederum lehnen diese ab. Manchmal braucht man ein bisschen Zeit,

Zwei Stockwerke zum Verstecken und Turnen.

bis man die passende Toilette für seine Kaninchen gefunden hat. Kleinere Toiletten kann man im Gehege aufstellen, größere in der Wohnung, je nach Platzangebot und Vorliebe der Mümmelmänner.

Man muss aber nicht unbedingt kommerziell hergestellte Toiletten kaufen. Viele Kaninchen mögen auch große Blumenuntersetzer aus Ton. Allerdings sollten Sie die glasierte Variante wählen, damit sich der Untersetzer nicht mit Urin vollsaugt.

Tipps zum Toilettentraining finden Sie auf S. 95. Auch erwachsene Tiere lernen die Benutzung einer Kaninchentoilette noch relativ problemlos.

Achten Sie darauf, dass Futter und Wasser in ausreichender Entfernung zur Toilette zu finden sind. Denn wer von uns nimmt schon gern seine Mahlzeiten auf der Toilette ein?

Toiletteneinstreu Mineralhaltige Einstreumaterialen für Katzen, sog. Klumpstreu, sind für Kaninchen nicht geeignet. Die Tiere fressen dieses Einstreumaterial manchmal auf und leiden dann unter heftigsten Verdauungsstörungen, die sogar zum Tod führen können. Als Einstreumaterialien eignen sich Hanfeinstreu, Zellulosematerial oder Ähnliches. Diese Einstreumaterialien verklumpen meist auch, sodass nur die verklumpten Anteile ausgewechselt werden müssen.

Kleintierstreu als Untergrund.

In Hanfstreu lässt sich prima buddeln.

GEHEGEEINSTREU

Kaninchen sind reinlich und wünschen sich ein sauberes Gehege. Mit der geeigneten Streu ist es recht einfach, für die nötige Hygiene zu sorgen. Achten Sie bitte auf reine Naturprodukte ohne chemische Zusätze, die kompostierbar sind.

— Als Einstreu am besten geeignet sind Strohpellets, die sackweise im Zoofachgeschäft angeboten werden. Die Pellets haben eine sehr gute Saugfähigkeit und werden von den Tieren allmählich zu einem feinen Mehl zertreten, das nicht im Fell hängen bleibt.

— Auch Holzspäne, Hanfstreu oder Holzpellets aus dem Zoofachhandel eignen sich gut. Sie müssen auf jeden Fall von unbehandelten Hölzern stammen, deshalb keine billigen Spanreste vom Schreiner verwenden. Die Späne haben gute Saugeigenschaften, können aber leichter im Fell hängen bleiben.
Auf keinen Fall darf die Streu stauben (Schleimhautreizung) oder kleben (der Blinddarmkot könnte dann nicht aufgenommen werden und sie würde im langen Fell hängen bleiben).

— Auch Stroh ist ein gutes Einstreumaterial. Es ist saugfähig, wird auch beknabbert und kann den Rohfaseranteil in der Nahrung ergänzen. Man sollte darauf achten, dass man langfaseriges Stroh kauft, das keine Schadstoffe oder Schädlingsbekämpfungsmittel enthält. Man bekommt es im Zoofachgeschäft oder auch beim Biobauern. Stroh kann auch über die o. g. Einstreu gelegt werden. Die Nässe kann nach unten durchdringen und die Oberfläche bleibt trocken. Zudem bleibt die Einstreu dann nicht im Fell der Tiere hängen.

NICHT GEEIGNET ALS EINSTREU

— Katzenstreugranulat ist zu grobkörnig und zu hart für die Tiere. Besonders Häsinnen buddeln gern in ihrer Toilette. Damit eine saugfähige Unterlage entsteht, kann man als Saugunterlage in der Toilette fest gepresstes Stroh aus Strohballen verwenden.

— Auf keinen Fall sollten Sie Zeitungspapier verwenden. Es ist zwar billig, enthält aber giftige Druckerschwärze, die zu Gesundheitsschäden führt. Torf ist aus Naturschutzgründen abzulehnen. Zudem staubt

Holzspäne riechen nach Wald.

und klumpt er, bleibt im Fell hängen und hat keine guten Saugeigenschaften.
— Auch Heu gehört nicht als Einstreu auf den Gehegeboden. Kaninchen würden es auch fressen, wenn es schon beschmutzt ist. Es gehört deshalb unbedingt in eine Heuraufe.

GEHEGEREINIGUNG

Das Gehege sollte mindestens einmal wöchentlich gereinigt werden. Man wechselt die Einstreu aus – sie kann in der Biotonne oder auf dem Kompost entsorgt werden – und säubert den Boden. Verwenden Sie keine scharfen Reinigungsmittel, Rückstände davon können den Kaninchen schaden. Rücken Sie hartnäckigeren Verschmutzungen lieber mit einer Bürste zu Leibe.

Kaninchentoilette Urinstein entfernen Sie am besten mit Zitronensäure (in der Apotheke erhältlich). Einen Esslöffel davon in einem Liter warmem Wasser auflösen, diese Lösung dann eine Stunde einwirken lassen. Die Toilettenecke muss öfter, unter Umständen täglich, gereinigt werden. Entfernen Sie die durchfeuchtete Streu und ersetzen Sie sie durch frische.

Futterbehälter Den Futternapf, die Trinkwasserflasche oder den Wassernapf spülen Sie täglich mit warmem Wasser aus. Gelegentlich sollten Sie das „Essgeschirr" auch mit etwas Essigwasser waschen. Gröbere Verschmutzungen kann man natürlich auch mit einem normalen Spülmittel entfernen.

GEHEGESTANDORT

Damit Ihre Kaninchen sich wohlfühlen, sollten Sie einige Dinge bei der Wahl des optimalen Gehegestandorts bedenken:
— Ideal ist ein heller, zugfreier Standort, jedoch nicht in der prallen Sonne.
— Die beste Raumtemperatur für Kaninchen beträgt 15 bis 22 Grad.
— Eine Luftfeuchtigkeit von etwa 60 Prozent wäre optimal. Während der Heizungsperiode können Sie einen Luftbefeuchter an die Heizkörper hängen.
— Kaninchen mögen es lieber ruhig. Das Gehege sollte also nicht direkt im „Durchgangsverkehr" stehen. Laute Musik oder ein ständig laufender Fernseher sind für Kaninchenohren und -nerven unerträglich. Eine Zimmerecke ist gut geeignet, damit Kaninchen einen Rückzugsort haben.

Schöner wohnen
— Zimmergehege

01

02

ARCHITEKTUR UND WOHNEN FÜR KANINCHEN

Ein Zimmergehege mit einer Toilette und einem Schlafhäuschen reicht bei weitem nicht für Ihre kleinen Freunde aus. Kaninchen sind in der Natur mit Nahrungsbeschaffung, Bau von Höhlen und Tunnelsystemen, Kontaktpflege, gegenseitigem Putzen und Anlegen von Toilettenplätzen beschäftigt.

All das sollten Sie versuchen, im Gehege als Beschäftigungsmöglichkeit zu bieten. Es gibt vielfältige Möglichkeiten, Kaninchen zu beschäftigen und sie für ihr Futter arbeiten zu lassen. In der Natur finden Sie viele „Einrichtungsgegenstände" für Kaninchengehege:

— Zweige und Äste zum Benagen und Klettern,
— Laub, um Futterüberraschungen zu verstecken,
— große Steine, um Futter darunter zu verstecken.
— Verpackungskartons lassen sich als Häuschen oder Versteckmöglichkeit wunderbar recyclen und sorgen für Abwechslung, wenn sie ausgetauscht werden.

03

05

01 Der Weidentunnel bietet Sicherheit für die Kaninchen.

02 Schnell rein ins Häuschen, wenn
Gefahr droht.

03 Viele verschiedene Einrichtungsgegenstände in der Hoppelvilla.

04 In der Heukiste lassen sich viele
Futterüberraschungen gut verstecken.

05 Kaninchen lieben natürliche
Materialien.

04

BALKONVERGNÜGEN

Ein ausreichend großer Balkon ist durchaus geeignet, Kaninchen ganzjährig im Freien zu halten. Allerdings sollte man auch hier einige Dinge beachten. Bei der Balkonhaltung dürfen Sie auf keinen Fall vergessen, dass die Tiere ihre regelmäßigen Streicheleinheiten und abwechslungsreiche Beschäftigung brauchen und keinesfalls nur auf dem Balkon „geparkt" werden dürfen. Da Kaninchen genügend Kontakt mit dem Menschen brauchen, um zutraulich zu werden und zu bleiben, wollen auch „Balkonkaninchen" ihren täglichen Freilauf in der Nähe ihrer Menschen. Für die Unterbringung im Freien ist wichtig, dass der Balkon auf gar keinen Fall zugig ist oder auf der Wetterseite liegt. Ansonsten erkälten sich die Tiere sehr rasch. Auch eine direkte Sonnenbestrahlung des Geheges ist

zu vermeiden, Kaninchen bekommen sehr schnell einen Hitzschlag. Da die Balkonböden meist gefliest sind, sollte man sie mit einer Plane abdecken und darüber eine Strohmatte legen, damit es auch von unten nie zu kalt werden kann.

SICHERHEIT AUF DEM BALKON

Wenn Kaninchen draußen hoppeln, muss das Balkongitter unbedingt gegen Abstürze gesichert werden. Da Balkongitterstäbe meist einen relativ großen Abstand haben und es erstaunlich ist, wo ein Kaninchen sich überall durchquetschen kann, sollten Sie das Gitter mit Kaninchendraht absichern. Ziehen Sie diesen Schutz mindestens einen Meter hoch, damit die Kaninchen auch nicht einfach darüberklettern können. Verlangen Sie im Baumarkt oder Werkzeughandel ausdrücklich Kaninchendraht, denn

Auch auf dem Balkon kann man erhöhte Sitzplätze (Sicherung durch Draht) und ...

zu dünner Maschendraht wird zu leicht durchgebissen. Wenn notwendig, muss der Maschendraht mit einem Brett zum Boden hin gesichert werden, damit die Tiere den Draht nicht hochschieben und dann eventuell abstürzen.

BALKONE RICHTIG EINRICHTEN

Auch die Unterkunft auf dem Balkon muss kaninchengerecht eingerichtet werden. Wenn die Kaninchen nicht den ganzen Balkon bevölkern sollen, bietet sich ein großes Gehege an. Man bekommt es im Fachhandel, kann es sich aber auch mit etwas Zeit und Geduld selbst bauen.

Da Kaninchen Höhlenbewohner sind, brauchen auch Balkonkaninchen eine Hütte zum Schutz vor Witterungseinflüssen und als Schlaf- und Ruhehäuschen. Natürlich gehören in das Balkonheim auch Futter- und

... viele Versteckmöglichkeiten anbieten.

Wassernapf oder eine Nippeltränke sowie ein Toilettenplätzchen. Nützlich ist auch eine Extraschale mit Stroh, in der die Kaninchen kuscheln können.

Im Sommer muss man darauf achten, dass die Kaninchen ausreichend Schatten haben und eine kühle Rückzugsmöglichkeit. Kaninchen sind kreislauflabil, und es besteht leicht die Gefahr eines Hitzschlags. Trockene Kälte im Winter hingegen macht Kaninchen weniger aus, sie haben ja einen Kaninchenpelzmantel an. Mit Styropor oder Decken kann man dann die Kaninchenwohnung im Freien gegen Kälte und Zugluft schützen.

Neben der Balkoneinrichtung sollte aber auf jeden Fall auch ein nicht zu kleines Gehege für die Wohnung vorhanden sein, um die Tiere in besonders kalten Wintern, an glutheißen Sommertagen oder wenn ein Kaninchen einmal krank sein sollte, in die Wohnung nehmen zu können. Da auf einem gesicherten Balkon selten die Gefahr besteht, dass die Kaninchen wertvolle Einrichtungsgegenstände beschädigen, können sie hier nach Herzenslust toben. Bauen Sie einen großzügigen Fitnessparcours mit vielen Verstecken draußen auf. Damit die Hoppler auf dem meist gefliesten Balkonboden nicht rutschen, können Sie Strohmatten auslegen, wie man sie vom Strand oder Freibad kennt. Sie sind nicht teuer und lassen sich leicht wieder ersetzen.

LANGSAM AKKLIMATISIEREN

Wohnungskaninchen dürfen anfangs nur stundenweise auf den Balkon, um sich an die klimatischen Bedingungen zu gewöhnen. Vor allem Jungtiere, die aus der Wohnung kommen, können sich auf dem Balkon schnell erkälten. Der Frühling ist die richtige Jahreszeit, um die Kaninchen an das Leben im Freien zu gewöhnen. Bei Tagestemperaturen um die 20 °C heißt es: „Ab an die frische Luft!" Nehmen Sie die Zwerge nachts auf jeden Fall wieder in die Wohnung. Erst wenn die Nachttemperaturen nicht mehr unter 5 °C sinken, dürfen die Tiere auch nachts draußen bleiben.

GARTENZWERGE

Jedes auch noch so kleine Fleckchen Grün wird von Kaninchen als Abwechslung zu Balkon und Wohnung freudig begrüßt. Damit die Hoppelweltmeister nicht plötzlich Haken schlagend verschwinden, sollten sie in einem mobilen Freigehege untergebracht werden. Geschickte Bastler können solch ein Freigehege aus unbehandeltem Weichholz und Kaninchendraht selbst bauen, es gibt sie aber auch in allen möglichen Größen und Ausführungen im Zoofachhandel.

Bei einem Freigehege ist es ganz wichtig, dass es von oben mit einem Draht oder Netz abgedeckt werden kann. So können Raubtiere, wie etwa Katzen, den Kaninchen nicht gefährlich werden. Andererseits können die kleinen Springwunder auch nicht entwischen. Wenn die Kaninchen länger, vielleicht sogar über Nacht im Garten bleiben sollen, braucht das Gehege ein Dach, das gegen Sonneneinstrahlung und Schlechtwettereinflüsse schützt. Zudem braucht auch ein Außengehege ein Häuschen als Versteck, Futternapf, Heu und frisches Wasser. Damit die „Gartenzwerge"

ACTION BITTE!

Im Garten können Sie es Ihren Kaninchen z. B. einmal gönnen, in einem riesigen Heuberg zu wühlen. Auch ein aufgeschichteter Laubhaufen macht viel Spaß. Oder Sie bauen mit Brettern und Backsteinen ein richtiges Kaninchenlabyrinth. Mit verschieden großen Kartons können Versteckmöglichkeiten geschaffen werden. Auch der ausrangierte Sandkasten, falls Ihre Kinder schon groß sind, kann zur Kaninchenbuddelkiste umgebaut werden. Lassen Sie Fantasie und Spieltrieb freien Lauf.

Gartenvilla mit Eingang im 1. Stock.

nicht entwischen können, müssen Sie regelmäßig kontrollieren, ob sie nicht begonnen haben, einen Tunnel unter dem Gehege hindurch in die Freiheit zu graben. Es empfiehlt sich, das Gehege öfter umzusetzen. So bekommen die Tiere auch immer wieder frisches Gras. Eine andere Möglichkeit ist, Kaninchendraht rund um das Freigehege mindestens eine Spatenbreite tief in den Boden einzugraben, um einen „Ausbruch" zu verhindern. Das hat aber den Nachteil, dass man das Gehege schlecht versetzen kann. Man muss dann immer mal wieder Gras nachsäen.

Dieses Gehege lässt sich immer mal wieder versetzen.

003 Zum Film: Außenhaltung

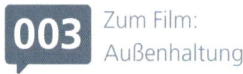

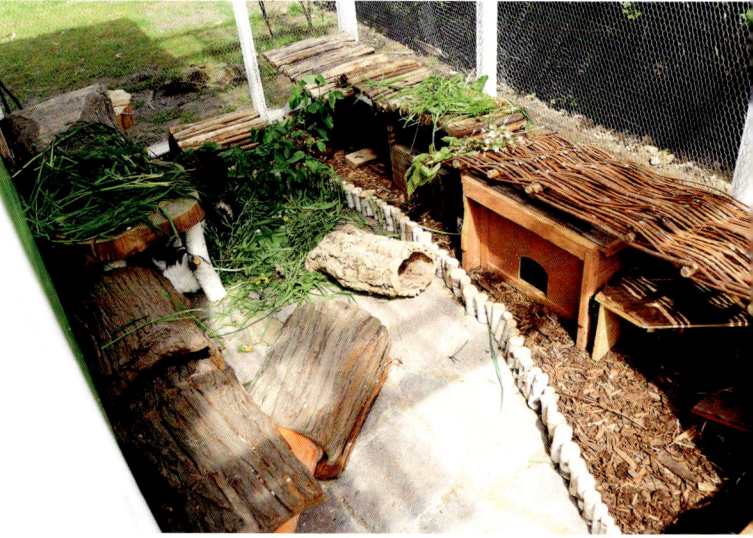

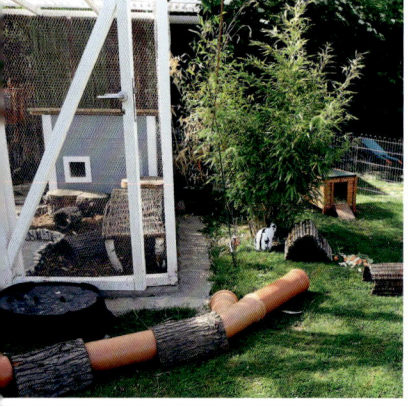

01

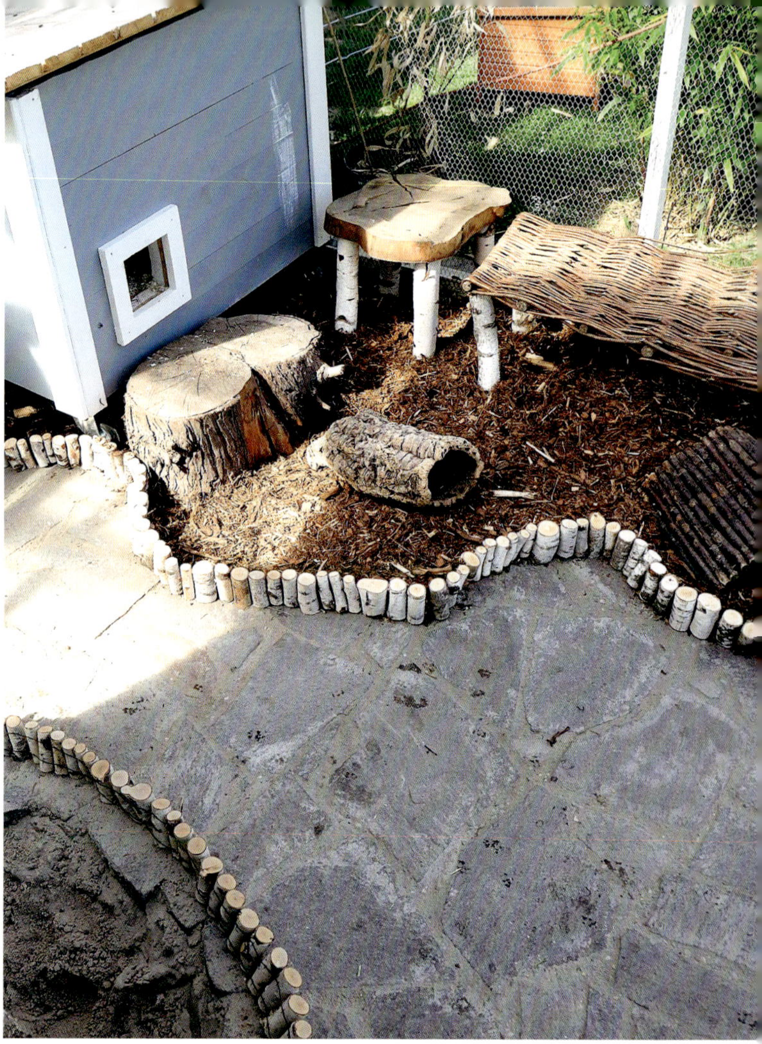

02

01 Kaninchenparadies mit Tunnelsystem.

02 Ein Gehege mit vielen Einrichtungsgegenständen aus der Natur.

03 Bepflanzte Gehege bieten viele Versteckmöglichkeiten.

04 Eine Wohnung im 1. Stock schützt vor Bodenkälte im Winter.

05 Grünfutter muss nicht im Napf serviert werden, sondern kann im Gehege verteilt werden.

05

Schöner wohnen
— Gartengehege

03

04

KANINCHENPARADIESE IM GARTEN

Eine ganzjährige Gartenhaltung ist für Kaninchen ideal. Gesunde frische Luft, viel Platz zum Rennen, Haken schlagen, Buddeln und Ausruhen. Wenn die Tiere im Winter eine geschützte Rückzugsmöglichkeit haben, gibt es nichts Besseres. Allerdings muss man auf ausreichend Schatten im Sommer achten und das Gehege muss vor Eindringlingen wie Katzen, Füchse, Greifvögel gut geschützt sein. Allerdings hat diese Haltungsform den Nachteil, dass die Langohren nicht in unserer unmittelbaren Umgebung leben und wir sie nicht ständig um uns haben. Denn niemand sitzt den ganzen Tag im Gartengehege, bei schlechtem Wetter schon gar nicht. Doch Gartengehege lassen sich prima bepflanzen und für diejenigen, die gern im Garten arbeiten, bieten sie die Möglichkeit, kreativ tätig zu werden und eine Kaninchenwohlfühloase zu schaffen. Zudem ist es die natürlichste Form der Kaninchenhaltung und gerade für größere Gruppen geeignet. Wer mehrere Kaninchen halten möchte, hat hier die Möglichkeit, ein großes Gehege für sie zu bauen und zu gestalten. Auch kann man in Gartengehegen ihr Verhalten und ihren Umgang untereinander sehr gut beobachten.

Langohren im neuen Zuhause

Alles ist für den Einzug der neuen Mitbewohner vorbereitet. Nun können die Kaninchen abgeholt werden. Lassen Sie den Tieren Zeit, sich im neuen Gehege einzuleben.

Bringen Sie die Tiere – in einer Transportbox – auf direktem Weg nach Hause. Dort setzen Sie sie erst einmal in das neue Gehege. Auch wenn es schwerfällt: Bitte die Kaninchen nicht sofort streicheln oder herumtragen. Sie sind durch den Umgebungswechsel ohnehin schon sehr verunsichert. Lassen Sie sie in den ersten Tagen im Gehege, damit sie den Geruch ihres neuen Zuhauses kennenlernen können. Wenn Sie etwas alte Streu vom Züchter, Zoofach-

händler oder aus dem Tierschutzgehege mitnehmen, wird ihnen die Eingewöhnung leichter fallen, da sie dann von Anfang an ihren eigenen Geruch „dabeihaben". Sind die Tiere besonders scheu, stellen Sie Höhlenatmosphäre her und decken das Gehege zunächst halb mit einer Decke ab. Wenn das nicht möglich ist, lassen Sie die Rollläden etwas herunter. Kaninchen fühlen sich im Halbdunkel einfach wohler und sicherer.

Kaninchen, die sich putzen, fühlen sich wohl.

KANINCHENSICHER WOHNEN

Sorgen Sie beim Freilauf für die Sicherheit Ihrer Zwerge:

— Alles, was die Kaninchen benagen oder verschmutzen könnten, sollten Sie aus der Reichweite bringen, also z. B. wertvolle Teppiche oder Möbelstücke, aber auch andere Gegenstände, die vielleicht zufällig auf dem Boden liegen.

— Bei glatten Parkett-, Dielen- oder Fliesenböden ist Vorsicht angesagt: Wenn Kaninchen ausrutschen, kann es zu Verletzungen kommen.

— Elektrische Leitungen und Telefonkabel werden von Kaninchen gern mit den Zähnen untersucht. Das ist lebensgefährlich! Die Kaninchen können einen tödlichen Stromschlag bekommen. Halten Sie Ihre Kaninchen unbedingt von Leitungen fern oder verlegen Sie elektrische Leitungen in einem Kabelschacht.

— Bringen Sie giftige Zimmerpflanzen außer Kaninchenreichweite. In Wohnungen sind häufig: Alpenveilchen, Azalee, Klivie, Diefenbachie, Efeu, Farn, Geranie, Maiglöckchen, Oleander, Osterglocken, Primeln, Rhododendron, Weihnachtsstern. Grundregel: Pflanzen, bei denen beim Abbrechen eines Blattes oder Stängels milchige Flüssigkeit austritt, sind sehr wahrscheinlich giftig. (Für Löwenzahn gilt dies nicht.)

— Augen auf, wenn Kaninchen unterwegs sind. Kaninchen sehen vor allem im Nahbereich schlecht und hoppeln deshalb schnell den Menschen zwischen die Füße. Wenn sie getreten werden, können sie leicht Verletzungen davontragen. Machen Sie auch keine hastigen Bewegungen, um das Tier nicht zu erschrecken.

— Öffnen Sie Türen vorsichtig, damit die Kaninchen nicht versehentlich eingeklemmt werden.

— Das Gehege mit Futter und Wasser muss für Kaninchen immer offen und erreichbar sein. Manche Kaninchen benützen sogar eine Rampe, die ins Gehege führt.

— Stellen Sie ein zusätzliches Schlafhäuschen in der Wohnung auf, damit die Kaninchen immer eine Rückzugsmöglichkeit haben.

004

Giftige Zimmerpflanzen im Überblick

Nase runter und die neue Umgebung erschnuppern.

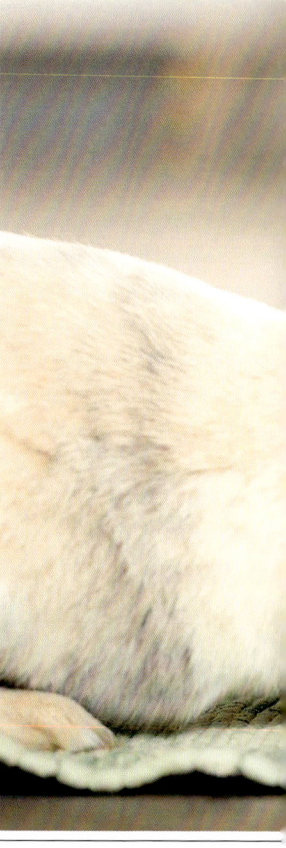

Mit einem Stückchen Apfel beginnt die Freundschaft.

KENNENLERNEN

Selbstverständlich wollen Sie Ihre Kaninchen bald auch streicheln. Damit sie keine Angst vor Ihnen bekommen, nähern Sie sich dem Gehege langsam und möglichst auf dem Bauch liegend. Denn Sie wissen ja: Für Kaninchen kommt die Gefahr immer von oben. Um die Kaninchen an die Hand zu gewöhnen, halten Sie ihnen ruhig einen Leckerbissen – Petersilie ist für die meisten Kaninchen das Highlight – hin und lassen sie an Ihrer Hand schnuppern, damit sie Ihren Geruch kennenlernen. Wenn sie nicht vor der Hand zurückschrecken, können Sie beginnen, sie sanft zu streicheln. Reden Sie dabei mit leiser Stimme, und bald werden sie sich auch hochnehmen lassen. Vermeiden Sie dabei laute Geräusche oder ruckartige Bewegungen. Wenn sich Ihre

Kaninchen etwas eingelebt haben, können Sie ihnen bald erste Spaziergänge in der Wohnung gönnen. Achten Sie dabei aber auf die nötige Sicherheit für die kleinen Abenteurer.

HOCHNEHMEN

Viele Kaninchen zappeln, wenn sie auf den Arm genommen werden, oder versuchen hinunterzuspringen und können sich dabei schwer verletzen.

Am besten nimmt man das Kaninchen hoch, indem man mit der einen Hand in die Nackenfalte greift. Wichtig: Mit der ganzen Hand zugreifen und nicht nur mit zwei Fingern. Mit der anderen Hand stützt man die Hinterbeine und den Hinterleib ab, sodass das Kaninchen richtiggehend in der Hand sitzt und

Etwas schmackhaftes Gemüse, und schon frisst das Kaninchen aus der Hand.

nicht zappeln kann. Ganz junge Kaninchen umfasst man besser mit zwei Händen und nimmt sie hoch. Der Griff in die Nackenfalte kann den Tieren wehtun. Auf dem Arm getragen, fühlen sich Kaninchen am wohlsten, wenn man sie auf den Unterarm setzt und mit der anderen Hand am Nackenfell leicht festhält. Viele Kaninchen kuscheln sich dann richtig in die Armbeuge und machen es sich dort bequem. Auf gar keinen Fall darf man das Tier an den Ohren hochnehmen. Denn die langen Ohren sind sehr schmerzempfindlich.

Kaninchen werden nicht so gern hochgenommen, weshalb man es auf ein Minimum beschränken sollte. Kinder sollten die kleinen Hoppler gar nicht hochnehmen, sondern sie am Boden streicheln, wenn das Kaninchen das mag (siehe Körpersprache, S. 80 ff.).

So trägt man Kaninchen richtig: Eine Hand fixiert den Brustkorb, die andere unterstützt den Körper.

Kaninchenwünsche
— Leise Annäherung

01

02

Natürlich sollen Ihre neuen Freunde ganz schnell zahm werden, damit man mit ihnen spielen und kuscheln kann. Das geht besonders schnell, wenn man weiß, was Zwergkaninchen mögen.

Sie lieben es, mit der Wuchsrichtung der Haare – man nennt das „mit dem Strich" – gekrault zu werden. Sie lassen sich gern mit einer weichen Bürste das Fell bürsten. Gern hören sie dabei ruhige Worte, am liebsten ihren Namen. Ab und zu einem besonderen Leckerbissen direkt aus der Hand können sie nicht widerstehen. Und sie wollen regelmäßig Futter und Wasser, ein sauberes Gehege und viel Zeit mit ihren Menschen verbringen.

Wenn man nun noch auf einige Dinge achtet, die Kaninchen überhaupt nicht leiden können, wie laute Geräusche, hektische Bewegungen oder unter dem Kinn gekrault werden – hier befinden sich nämlich die Duftdrüsen –, wird der Mümmelmann bald ganz zutraulich werden. Vielleicht lernt er sogar seinen Namen und kommt angehoppelt, wenn man ihn ruft.

03

04

01 Mensch auf gleicher Höhe schafft Sicherheit...

02 ...und schnell stellt sich der erste Kontakt ein.

03 Ist noch etwsas Löwenzahn mit im Spiel, dann ist das Eis schnell gebrochen.

04 Haben Sie Geduld, nach einiger Zeit wird Ihr Kaninchen die Schmusestunden genießen.

05 Manche Kaninchen lassen sich auch gern auf den Schoß nehmen und mögen die Nähe zum Menschen.

05

GEPFLEGT VON KOPF BIS FUSS

ZWERGKANINCHEN SIND REINLICH

Kaninchen verwenden sehr viel Zeit auf ihre Fell- und Körperpflege und gehen dabei sehr gründlich vor. Hier ähneln sie in ihrem Verhalten etwas den Katzen. Normalerweise hat ein Kaninchen klare Augen, saubere Ohren, ein glatt anliegendes Fell und einen sauberen Po und braucht in der Regel auch wenig Hilfe bei seiner täglichen Schönheitspflege. Verschmutzungen um den Po, die Nase oder die Augen sollten Sie deshalb immer als einen Hinweis auf eine mögliche Erkrankung verstehen und notfalls zum Tierarzt gehen.

FELLPFLEGE

Während des Fellwechsels im Frühjahr und im Herbst verlieren die Tiere sehr viele Haare. In dieser Zeit sollten Sie Ihre Kaninchen intensiv bürsten, um die alten, abgestorbenen Haare zu entfernen. Das funktioniert am besten mit einem Noppenhandschuh oder einer weichen Naturbürste.

Aber auch außerhalb des Fellwechsels genießen Kaninchen das tägliche Bürsten. Es regt Kreislauf und Durchblutung an, ist eine wunderbare Massage, und die Tiere genießen es, von ihren Menschen viel Zuwendung zu bekommen. Kaninchen sollten möglichst nicht gebadet werden. Starke Verschmutzungen oder Kotverkrustungen nur mit einem feuchten Tuch aus dem Fell reiben. Wenn das nicht funktioniert, Haare abscheren, vor allem bei Verfilzungen. Das funktioniert aber nur mit einer Schermaschine. Der Tierarzt kann hier helfen. Bei massiven Kotverschmutzungen am Po kann man auch Sitzbäder mit Kamillentinktur machen, um die Verkrustungen zu lösen.

AUGEN UND OHREN KONTROLLIEREN

Richten Sie bei den täglichen Streicheleinheiten auch einen Blick auf Augen und Ohren. Sie sollen sauber, ohne Verkrustungen oder Ausfluss sein. „Schlafkörnchen" im Augenwinkel können Sie mit einem weichen Tuch entfernen, Babyreinigungstücher eignen sich dafür sehr gut. Tränen die Augen ständig oder zeigen sich hartnäckige Verkrustungen an Augen oder Ohren, ist ein Besuch beim Tierarzt nötig.

005
Zum Film: Kaninchen-TÜV

Die Krallen nie zu stark kürzen. Bei hellen Krallen kann man gut die Blutgefäße sehen.

Die Krallen dürfen nach dem Schneiden nicht bluten.

KRALLEN SCHNEIDEN

Da Wohnungskaninchen im Gegensatz zu ihren wild lebenden Verwandten keine meterlangen Gänge graben und nicht auf hartem Untergrund herumhoppeln, nutzen sie ihre Krallen oft nicht genug ab. Dies kann so weit gehen, dass die Krallen im schlimmsten Fall korkenzieherartig wachsen, sich in die Pfote bohren und einwachsen. Das tut weh und kann zu schlimmen Infektionen führen. Deshalb ist es besonders wichtig, die Krallen regelmäßig zu kontrollieren und, falls erforderlich, zu schneiden.

Als Richtwert kann man sich merken, dass die Krallen so lang wie die Haare an den Läufen sein können. Nägel, die länger als die Behaarung sind, müssen gekürzt werden. Zum Krallenschneiden nimmt man das Kaninchen auf den Schoß oder lässt es von einer zweiten Person festhalten. Dann schiebt man die Haare an den Pfoten etwas zurück und kürzt die Kralle mit einer Krallenzange oder einem Nagelknipser schräg nach unten.

Vorsicht! Nie zu viel auf einmal abzwicken. In den Krallen verlaufen Blutgefäße, die sich in hellen Krallen als dunklere Bereiche abzeichnen. Wenn man die Kralle zu stark kürzt, verletzt man diese und es kommt zu Blutungen. Deshalb lieber weniger abzwicken und dafür öfter einmal nachschneiden. Blutet es trotzdem, kühlt man die Kralle am besten mit Eiswürfeln oder stillt mit Pflasterspray die Blutung. Natürlich können Sie die Krallen auch von Ihrem Tierarzt schneiden lassen.

PERIANALTASCHEN KONTROLLIEREN

Beidseitig des Afters haben Kaninchen beiderlei Geschlechts sogenannte Perianaltaschen (Neben-After-Taschen). Dort sitzen die Leistendrüsen, die ein leicht schmieriges, süßlich riechendes Sekret produzieren (siehe S. 28). Dieses Sekret ist das „persönliche Parfüm" eines Kaninchens und dient zur Erkennung der Artgenossen untereinander.

Das Sekret kann sich in diesen Taschen ansammeln, die sich im schlimmsten Fall auch entzünden können. Deshalb ist es wichtig, die Afterregion regelmäßig zu kontrollieren und das Sekret nötigenfalls vorsichtig mit einem Wattestäbchen, das mit etwas Babyöl getränkt ist, zu entfernen. Manchmal ist das Sekret auch harzartig verhärtet und man kann es mit den Fingern einfach abziehen.

006
Zum Film:
Krallen
schneiden

ZAHNKONTROLLE

Die vorderen Schneidezähne und die Backenzähne der Kaninchen gehören zu den sogenannten wurzellosen Zähnen. Das bedeutet, sie wachsen ein Leben lang nach, weil der Zahnapex, also die eigentliche Wurzel, nicht geschlossen ist, sondern offen. Dort wird durch spezielle Zellen lebenslang neues Zahngewebe produziert. Damit sich die Zähne durch Reibung ständig abschleifen, müssen die Mümmelmänner viel nagen und ihr Futter intensiv kauen. Tun sie das nicht, werden die Zähne immer länger, bis das Kaninchen irgendwann nicht mehr richtig fressen kann. Kontrollieren Sie deshalb regelmäßig die Schneidezähne Ihrer Zwergkaninchen. Sind die Zähne doch einmal zu lang geworden, müssen sie beim Tierarzt gekürzt werden.

Zur Zahnkontrolle die Lippen etwas nach oben ziehen.

Gesunde Kost
für Mümmelmänner

Kaninchen sind reine Vegetarier und ihr Hauptnahrungsmittel ist Heu.
Dies sollte immer zur freien Verfügung stehen. Auch Wasser brauchen
die Zwerge täglich frisch.

Aufgrund ihres Verdauungssystems müssen Kaninchen ständig fressen. Ihr Magen entleert seinen Inhalt nicht durch Muskelbewegungen in den Dünndarm, sondern der nachfolgende Futterbrei schiebt das Futter weiter. Dem Kaninchen muss deshalb rund um die Uhr Futter zur Verfügung stehen. Futter heißt in diesem Fall Heu, das als einziges Futtermittel in großen Mengen gefressen werden kann, ohne dick zu machen. Heu ist also der Hauptnahrungsbestandteil von Kaninchen. Müssen die Langohren hungern, überfressen sie sich hinterher leicht, Magenüberladungen und Blähungen sind die Folge. Kaninchen können aufgrund ihrer anatomischen Magenstruktur nicht erbrechen, das macht die Sache noch schlimmer, und kann in besonders schlimmen Fällen sogar zum Tod führen.

ABWECHSLUNG IM SPEISEPLAN

Da Kaninchen in der freien Wildbahn nicht das ganze Jahr über das Gleiche zu fressen finden, sollte man dies auch bei der Kaninchenfütterung beachten. Da sich ein „Hauskaninchen" sein Futter nicht selbst aussuchen kann, müssen Sie als verantwortungsvoller Tierbesitzer auf die richtige Mischung achten, damit die Tiere lange gesund und fit bleiben. Man kann generell drei verschiedene Futterarten unterscheiden:

— Raufutter, dazu zählen Heu, Stroh, Zweige und Äste;
— Grünfutter, hierzu gehört alles frische Grün, Kräuter, Gräser, Gemüse und Obst;
— Fertig- oder Alleinfutter, das es als fertige Mischungen im Handel zu kaufen gibt. Fertigfuttermischungen sind für jede Lebensphase eines Kaninchens erhältlich: für Jungtiere, erwachsene Tiere, als Aufzuchtfutter, als Zuchtfutter für trächtige

007

Zum Film: Kaninchen füttern

BLINDDARMKOT

Kaninchen fressen ihren Kot. Das ist nicht eklig, und Sie dürfen die Tiere nicht daran hindern. Ihre Kaninchen bekommen sonst schwere Mangelerscheinungen. Meist geschieht das Kotfressen nachts. Der in der Nacht gebildete Kot ist der sogenannte Blinddarmkot. Er ist sehr reich an den lebenswichtigen Vitaminen K und B und sieht auch anders aus als die üblichen bräunlichen runden Kotkügelchen, die Sie kennen. Der Blinddarmkot ist weicher, schwarz glänzend und mehrere kleine Kotkügelchen hängen weintraubenartig zusammen. Der Blinddarmkot wird von den Tieren meist direkt vom After aufgenommen. Man bekommt ihn deshalb nur selten zu Gesicht. Erschrecken Sie also nicht, wenn Sie doch einmal ein solches ungewöhnliches Kotgebilde im Gehege finden.

Langfaseriges Gras fördert den Zahnabrieb.

SO ERKENNEN SIE HOCHWERTIGES HEU

— Die Farbe ist leicht grün, nicht grau.
— Es sind sichtbare Kräuter und Gräser mit Blättern und Blüten enthalten.
— Die Halme sind 20 bis 30 cm lang oder sogar noch länger.
— Es ist trocken, staub- und schimmelfrei und sollte mindestens sechs Wochen abgelagert sein. Die richtige Lagerung ist wichtig: Es darf nicht feucht werden, schimmeln oder von Ungeziefer befallen sein. Das beste Heu ist Alpenheu. Auf jeden Fall sollte es aber von Wiesen stammen, die nicht mit Schadstoffen belastet sind.
— Heu vom ersten Schnitt ist hochwertiger, Heu vom zweiten Schnitt wird als sogenanntes Grummet angeboten.
— Frisches Heu muss duften – so gut, dass man sich am liebsten selbst hineinlegen möchte.
— Ganz frisches Heu muss vor der Fütterung einige Wochen lagern, damit es richtig trocknet.

wird aber manchmal auch gefressen und liefert ebenfalls viel Rohfaser. Das Stroh sollte möglichst goldgelb, staubarm und langfaserig sein. Ansonsten gilt das Gleiche wie beim Heu: Es sollte von schadstofffreien Feldern kommen. Gerstenstroh ist qualitativ das hochwertigste Stroh.

ZWEIGE ALS KNABBERSPASS

Auch Zweige und Äste gehören zum Raufutter. Die Tiere benagen die Rinde – die darin enthaltenen Gerbstoffe und Öle sind sehr gesund – Kaninchen schätzen besonders kleine Knospen, Blütenstände und junge Blättchen. Geeignet sind Äste von allen Obstgehölzen, Haselnuss, Buche, Pappel, Erle und Weiden mit Blättern und Knospen. Sie müssen nur darauf achten, dass sie von ungespritzten Bäumen stammen. Es gibt im Handel inzwischen aber auch spezielles Nagerholz zu kaufen.

Tiere und als Mastfutter für Mastkaninchen – das brauchen Sie für Ihre Zwerge nicht. Für Jungtiere und trächtige oder auch kranke Tiere sind Fertigfuttermischungen wichtig. Natürlich kommt es hier auch auf die richtige Dosierung an. Ein gesundes, erwachsenes Tier kann gut allein mit Rau- und Grünfutter ernährt werden.

ROHFASER FÜR DIE VERDAUUNG

Der Hauptbestandteil der Kaninchennahrung und der beste Rohfaserlieferant ist Heu. Sorgen Sie dafür, dass die Heuraufe immer gut gefüllt ist. Achten Sie beim Heu auf wirklich gute Qualität.
Der Rohfaseranteil in der Nahrung ist dafür verantwortlich, dass der Nahrungsbrei im Darm problemlos weitertransportiert wird. Außerdem muss Heu ausgiebig gekaut werden, sodass sich die Zähne regelmäßig abnutzen. Gutes Heu enthält mineralische Bestandteile, die wie ein Schleifstein auf die Backenzähne wirken und den Abrieb fördern. Stroh ist eigentlich eher Einstreu als Futter,

Für besondere Leckerbissen reckt man sich gern.

Gerade Zweige und Äste haben den Vorteil, dass sie Abwechslung in den Speiseplan bringen und die Tiere auch noch etwas arbeiten müssen, um an ihr Futter zu kommen. Außerdem muss es intensiv gekaut werden, was wiederum dem Gebiss zuträglich ist. Um die Sache noch spannender zu machen, kann man die Zweige im Gehege so befestigen, dass die Mümmelmänner sich ordentlich recken oder vielleicht sogar auf ihr Häuschen klettern müssen, um an die begehrten Leckerbissen zu kommen – Futtern und Fitness in einem.

FRISCHES GRÜN AUS DER NATUR

Alle Kaninchen lieben frische, saftige Nahrung. Bei der Erstfütterung von Frischfutter oder der Futterumstellung sollte man nur darauf achten, des Guten nicht zu viel zu tun. Zu viel Grünfutter, vor allem, wenn die Tiere es nicht gewohnt sind, kann zu Durchfall, Blähungen und Bauchschmerzen führen.

Haselnusszweige – eine Kaninchendelikatesse.

Löwenzahn steht in Kaninchens Gunst ganz oben.

Es gibt leider auch immer wieder Tiere, die einige Grünfutterarten nicht vertragen. Das muss man vorsichtig ausprobieren, indem man anfangs nur kleine Mengen füttert und die Kotbeschaffenheit kontrolliert.

Sammeln Sie Grünfutter für Ihre Kaninchen nie von Wiesen, die an stark befahrenen Straßen liegen, von gedüngten Feldern oder gar „Hundeklowiesen". Nehmen Sie nur die Pflanzen mit, die Sie auch wirklich kennen, und davon nicht mehr als eine Tagesration. Verwelkte oder gar angegorene Pflanzen dürfen Sie Ihren Kaninchen nicht mehr verfüttern. Löwenzahn macht in vielen Fällen den Hauptanteil der Mitbringsel aus der Natur aus. Das ist auch verständlich, denn Löwenzahn kennt jeder und die Kaninchen fressen ihn gern.

Eigentlich kann Löwenzahn nicht schaden, aber bei dicken Kaninchen oder Kaninchen, die bereits ein Problem mit Harnsteinen hatten, darf Löwenzahn nur in einzelnen Blättchen auf dem Speiseplan erscheinen, denn er enthält unglaublich viel Kalzium und kann bei betroffenen Kaninchen zu Harnsteinbildung führen. Das Gleiche gilt für „Golliwoog", eine lateinamerikanische Futterpflanze, die in vielen Zoohandlungen als Frischfutter für Kleintiere erhältlich ist. Golliwoog ist eine kleinblättrige Futterpflanze, die hübsch aussieht und als Topfpflanze verkauft wird. Sie ist als Frischfutter und Nahrungsergänzung gut geeignet, enthält aber relativ viel Kalzium und sollte von betroffenen Tieren nur in Maßen verspeist werden.

008

Kräuter
sammeln

Auch Löwenzahnblüten werden nicht verschmäht.

Mümmeln ist Langohrs Lieblingsbeschäftigung.

FRISCHES GRÜN AUS DER KÜCHE

Man muss nicht unbedingt ein begeisterter Kräutersammler sein, um sein Kaninchen mit frischem Grün zu ernähren. Und auch in der Stadt, wo geeignete Wiesen meist selten sind, bietet die Küche Abwechslung in Kaninchens Futternapf. Viele Gemüsesorten, die uns schmecken, bekommen Mümmelmännern ebenfalls sehr gut.

Geeignete Gemüsesorten sind natürlich Möhren, aber auch Kohlrabi, Stangen- oder Bleichsellerie, Fenchel, Salat, Brokkoli, Spinat und Maiskolben. Vorsicht vor allen Kohlsorten: Sie blähen sehr stark. Bei Kopfsalaten darauf achten, dass sie nicht gespritzt sind, und eventuell die besonders nitrathaltigen Rippen entfernen.

Auch die verschiedenen Küchenkräuter werden sehr geschätzt. Der Renner bei den meisten Kaninchen ist Petersilie. Ob glatt oder kraus, sie wird mit Heißhunger verschlungen. Damit kein Kampf um die Leckerei entsteht, geben Sie jedem Tier ein eigenes Stängelchen. Neben Petersilie werden auch Möhrenkraut, Dill, Liebstöckel (Maggikraut), Kerbel, Majoran und Salbei nicht verschmäht.

Vorsicht! Giftig sind rohe Kartoffeln, Kartoffelkeime, Auberginen und Bohnen.

AN APPLE A DAY …

… keeps the doctor away. Dieser schöne Spruch vom täglichen Apfel, der den Arzt arbeitslos macht, gilt auch für Kaninchen – nur geben Sie bitte nicht gleich einen ganzen Apfel. Kaninchen mögen außerdem Birnen, Erd- und Himbeeren. Beerenfrüchte sollten sie jedoch nur wohldosiert bekommen, denn sie können leicht zu Unwohlsein und Bauchschmerzen führen.

Bei dicken Kaninchen bitte nicht zu viel frisches Obst geben, denn durch den Fruchtzucker ist der Kaloriengehalt höher als bei Gemüse. Trotzdem freuen sich alle über ein paar wohldosierte Obststücke.

Auch bei Obst gilt: nur unbehandelte/ungespritzte Früchte füttern.

Ein Kräutergarten
— für Langohren

01

02

Kaninchen lieben es, ihr Futter selbst zu „pflücken". Auch wenn es keinen Garten gibt, kann man dem Kaninchen seinen eigenen Kräutergarten anlegen. Dazu braucht man eine flache, wasserdichte Schale, einige kleine Kieselsteine, Pflanzenerde, Saatmischung mit Klee-, Gras- und Luzernesamen, dazu vielleicht noch Samen von Salbei, Petersilie, Dill, Kamille und Löwenzahn und Wasser. Zuerst eine Lage Kieselsteine auf den Boden der Schale legen und sie dann mit Erde bedecken. Die Samen nicht zu dicht daraufstreuen und sie mit der flachen Hand etwas andrücken. Jetzt so viel Wasser darübergießen, dass die Erde gut durchfeuchtet wird. Dann stellt man die Schale ans Fenster. Damit die Samen keimen und treiben können, dürfen sie nie austrocknen. Man kann auch eine Folie über die Schale ziehen, so bekommt man ein richtiges Minitreibhaus mit einem feuchtwarmen Klima. Die Erde darf aber nicht anfangen zu schimmeln. Nach wenigen Tagen zeigen sich die ersten grünen Spitzen, und 2 bis 3 Wochen später ist der saftig grüne Kaninchenkräutergarten bereit zur Ernte. Nun kann man seinen Kaninchen immer wieder mit einer Schere eine Portion frisches Grün abschneiden. Noch lieber bedient sich der Mümmelmann aber selbst. Am besten stellt man ihnen den Garten so auf, dass die Kaninchen beim Freilauf daran naschen können. Ist die Gartenschale sehr groß, können die Kaninchen sogar darin herumhoppeln.

03

04

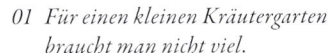

01 Für einen kleinen Kräutergarten braucht man nicht viel.

02 Auf den Boden kommen zunächst die Steine.

03 Auf die Steine wird lockere Erde angehäufelt.

04 Im nächsten Schritt werden die Samen gleichmäßig verteilt.

05 Zum Schluss wird alles gut befeuchtet und an einen warmen Platz gestellt. In den nächsten Tagen immer wieder gut befeuchten und schon bald kann man die ersten grünen Spitzen erkennen.

05

Trockenfutter wird am besten in einer Keramikschale gefüttert.

FERTIGFUTTER

Der Zoofachhandel bietet eine riesige Auswahl an fertigen Trockenfuttermischungen für Zwergkaninchen, z. B. „Grünrollis" aus getrockneter Luzerne und Gemüse oder „Müslimix", in dem auch Haferflocken, Getreideflakes, getrocknetes Gemüse und Obst zu finden sind. Manche dieser Mischungen sind hübsch bunt eingefärbt und sollten den Käufer eher stutzig machen als anlocken. Die Farbstoffe sind in der Regel eher ungesund und sprechen das Auge des Besitzers an und nicht den Kaninchenmagen.

Nicht alles, was lecker aussieht, ist auch tatsächlich gesund. Kaninchen sind eigentlich keine Getreidefresser, vertragen aber einen gewissen Anteil an Getreide im Futter, denn wilde Kaninchen fressen auch Getreidekörner, die von den Ähren abgefallen sind und auf dem Boden liegen. Achten Sie darauf, dass der Getreideanteil niedrig und der Rohfaseranteil hoch ist. Er sollte mindestens 16 Prozent betragen, der Anteil an Eiweiß dafür aber keinesfalls mehr als 18 Prozent. Zu viel Eiweiß in der Nahrung wird in Fett umgebaut und führt dazu, dass aus Zwergkaninchen dicke kleine Stubenhocker werden. Eine gute Fertigfuttermischung enthält alles, was ein Kaninchen zum Leben braucht. Wenn Sie dafür sorgen, dass immer genügend Wasser zur Verfügung steht, die Kaninchen immer hochwertiges Heu zur Verfügung haben und Sie zusätzlich Obst und Gemüse füttern, können Sie auf das Fertigfutter auch ganz verzichten. Bei reiner Fertigfutterfütterung fehlt den Tieren die Abwechslung. Leider enthalten sehr viele Fertigfuttermischungen Zucker und Farbstoffe. Je interessanter das Fertigfutter aussieht, weil viele bunte Sachen drin sind, desto ungesünder ist es meistens auch. Kaninchen können Zucker überhaupt nicht verdauen, werden von Zucker in der Nahrung dick und bekommen Verdauungsprobleme. Manchmal wird der Zucker auch getarnt als Melasse oder Melassesirup. Das ist nichts anderes als Zucker und genauso schädlich. Auch die Mischungen, die man sich im Zoofachhandel selbst abfüllen kann, enthalten solche ungesunden Dickmacher. Deshalb gilt: Genau die Angaben zum Futterinhalt lesen, bevor man anfängt, den Futtereimer vollzuschaufeln. Es ist natürlich so, dass die Kaninchen das süße Zeug gern fressen. Sie sind von Natur aus bei der Wahl ihres Futters nicht unbedingt auf „süß" spezialisiert, trotzdem mögen sie süße Sachen.

Beim Fertigfutter gilt die Faustregel: Je langweiliger es aussieht, desto besser und gesünder ist es meistens für das Kaninchen.

Außerdem machen die süßen Sachen schnell satt, Kaninchen fressen aber in der freien Natur den ganzen Tag, sie nehmen ungefähr 120 Mahlzeiten pro Tag zu sich. Wenn sie also schnell satt sind, haben sie nichts zu tun,

MÜMMELN À LA CARTE

So ernähren Sie Ihre Kaninchen gesund und abwechslungsreich

— Heu in einer Raufe und frisches Wasser aus der Trinkflasche oder dem Wassernapf stehen immer frei zur Verfügung. Beim Wassernapf auf Sauberkeit achten.

— Äste und Zweige sorgen für Abwechslung und tragen zur Gebisspflege bei.

— Fertigfutter bekommt ein Kaninchen pro Tag maximal ca. 3 bis 4 Esslöffel. Es kann aber auch ganz darauf verzichtet werden (siehe S. 65 f.).

— Täglich eine Handvoll Grünfutter. Beliebt ist eine Mischung aus Löwenzahn, Wiesengras, jungen Brennnesseln, wenig Klee, Kamille, Petersilie, Wegerich, Huflattich.

— Das Grünfutter können Sie wahlweise durch 1 Möhre, ½ Fenchelknolle, ¼ Kohlrabi, einige Blätter Spinat oder Salat, ½ Stange Bleichsellerie, ein Stück Maiskolben oder 3 bis 4 Brokkoliröschen ersetzen.

— Grünfutter oder Gemüse können Sie auch durch ½ Apfel ersetzen, ergänzt durch 1 bis 2 Erdbeeren oder 3 bis 4 Himbeeren.

Ein Heuball – Futter und Beschäftigung.

langweilen sich und fangen an, Dinge zu fressen, die sie nicht verdauen können und die sie krank machen, wie Teppichfransen, Tapeten, ja sogar manchmal die Einstreu aus dem Kaninchenklo. Das führt zu lebensbedrohlichen Verdauungsstörungen, und leider sterben jedes Jahr viele Kaninchen daran.

MINERAL- UND NAGERSTEIN

Nagersteine werden oft als der ultimative Nagerkick angepriesen, den Kaninchen unbedingt brauchen. Für die Abnutzung der Backenzähne bringen diese Steine aber nichts und helfen höchstens, die Schneidezähne kurz zu halten. Die enthaltenen Mineralien (Magnesium, Kalzium, Natrium, Chlorid) können bei dicken Kaninchen sogar zur Harnsteinbildung führen. Deshalb möchte ich von diesen Nahrungsergänzungen dringend abraten. Achten Sie auf eine ausgewogene Ernährung, dann brauchen Ihre Zwergkaninchen keine Futterzusätze. Sind Vitamintropfen nötig, dann sprechen Sie sich mit Ihrem Tierarzt ab. Heu und Zweige sorgen für Nagespaß und die Abnutzung der Zähne.

DICKMACHER

Alle zuckerhaltigen Nährstoffe haben in einem Kaninchenmagen nichts verloren. Streng verboten sind Kuchen, Schokolade, Kekse, und auch von Joghurtdrops, süßen Knabberstangen und Ähnlichem sollte man die Finger lassen. Geben Sie als Leckerei lieber ein Stängelchen heiß geliebte Petersilie. Noch ein Wort zum Brot. Es enthält viele Kohlenhydrate, die wiederum zu Zucker umgebaut werden und dick machen. Außerdem enthält hartes Brot sehr oft Schimmelpilzsporen, die zu Erkrankungen führen können.

RICHTIG FÜTTERN

Füttern Sie Ihre Kaninchen regelmäßig, und versuchen Sie sich an feste Futterzeiten zu halten. Wenn die Kaninchen den Napf nie leer fressen, geben Sie weniger. Obst und Gemüsereste nach spätestens einem Tag entfernen. Kontrollieren Sie einmal im Monat das Gewicht, am besten mithilfe der Küchenwaage. Ein Durchschnittszwerg wiegt 1 bis 2 kg.

DER RICHTIGE DRINK FÜR KANINCHEN

Welcher Drink für meine Zwerge? Diese Frage ist schnell beantwortet: Wasser! Es kann sein, dass Ihre Zwergkaninchen das Leitungswasser verschmähen, weil es vielleicht stark gechlort ist. Die Tiere riechen den Chlorzusatz, denn sie haben einen wesentlich besseren Geruchssinn als wir und mögen Chlor gar nicht gern. Da Kaninchen, verglichen mit anderen Tieren, aber einen relativ hohen Wasserbedarf haben, ist es wichtig, dass sie

das angebotene Wasser auch trinken. Ein Kaninchen hat ungefähr einen Flüssigkeitsbedarf von 50 – 150 ml Wasser pro kg seines eigenen Körpergewichts pro Tag. Ein 2 kg schweres Zwergkaninchen trinkt also ungefähr so viel wie ein 10 kg schwerer Hund. Viele Kaninchen trinken aber deutlich weniger,

Abwechslungsreiche Ernährung mit Grünfutter …

vor allem wenn sie Frischfutter bekommen, welches einen hohen Wassergehalt hat. So besteht eine Gurke z. B. zu ungefähr 97 Prozent aus Wasser.

Wenn Ihre Tiere das Wasser nicht mögen, versuchen Sie es entweder mit stillem Mineralwasser oder füllen Sie das Leitungswasser in ein offenes Gefäß und lassen es ein paar Tage offen stehen. Das Chlor verdunstet und Ihre Kaninchen werden das Wasser lieber mögen. Kaninchen, die nicht genug trinken, hören auch nach kurzer Zeit auf zu fressen und erkranken dann sehr schnell an lebensbedrohlichen Verdauungsstörungen.

... erhält die Kaninchen gesund und fit.

Leckerbissen
— für Zwergkaninchen

01

02

OBST, GEMÜSE UND ZWEIGE ZUM KNABBERN

Die Hauptnahrung für Kaninchen sollte immer Heu sein. Kaninchen freuen sich aber über einen abwechslungsreichen Speiseplan. Obst und Gemüse sollten nach jahreszeitlichem Vorkommen gefüttert werden. Exotisches Obst kann von Kaninchen gefressen werden, allerdings ist noch wenig darüber bekannt, ob die Tiere es gut vertragen. Einheimisches Obst muss nicht geschält werden und gerade Äpfel können auf Streuobstwiesen aufgesammelt und gefüttert werden (vorher beim Besitzer um Genehmigung fragen). Generell sollte das Futter nicht unbedingt klein geschnitten als Frucht- oder Gemüsecocktail serviert werden, die Tiere sollen ruhig ein bisschen beim Fressen arbeiten. Wurzelgemüse muss nicht geschält und auch nicht vollständig von Erde befreit werden, die Kaninchen decken gern ihren Spurenelement- und Mineralstoffbedarf damit. Einzig Nachtschattengewächse, z. B. rohe Kartoffeln und Tomaten, sollten nicht gefüttert werden.

03

01 Heimisches Obst macht den Speisezettel bunt.

02 Der Favorit bei den Kräutern ist eindeutig Petersilie.

03 Frische Zweige (hier Hasel) runden das Angebot ab.

04 Gemüse, Wurzelgemüse und Salat sind lecker und gesund.

04

Kaninchen verstehen

— Sich recken, ducken, scharren: Lernen Sie Ihre Langohren kennen

So sprechen die Zwerge

Kaninchen sind Rudel-, Flucht- und Beutetiere. Das prägt ihr Verhalten. Auch Zwergkaninchen sind keine Kämpfer und suchen ihr Heil lieber in der Flucht oder im schützenden Versteck.

Kaninchen leben friedlich in großen Familien zusammen und verständigen sich untereinander in ihrer eigenen Sprache. Das Zusammenleben mit den munteren Langohren macht noch mehr Spaß, wenn man ihr Verhalten und ihre Sprache versteht. Kaninchen kommunizieren vor allem über Gerüche miteinander. Dabei spielt das Markieren eine große Rolle. Sie markieren ihr Revier mit Duftdrüsen, ihrem Kot und Urin. Rammler bespritzen „ihre" Häsinnen mit Urin und gegenseitiges Putzen stärkt den Rudelzusammenhalt. Nur bei allergrößter Gefahr stoßen Kaninchen spitze Schreie aus.

WAS IST EIN RUDEL?

Das Rudel ist die Familie des Kaninchens mit Mutter, Vater, Geschwistern, Onkeln und Tanten. Im Rudel gibt es immer einen oder mehrere Chefs. Die Chefs sind meist die größten und stärksten Tiere. Bei Kaninchen können das sowohl Männchen als auch Weibchen sein. Es sind aber immer die Tiere mit dem meisten Grips. Gerade den brauchen sie, um ihre Aufgaben zu erfüllen: Sie sind für die Sicherheit der ganzen Gruppe zuständig und auch dafür, dass für alle immer genug zu futtern vorhanden ist. Ist die Gegend, in der der

Harmonie: Kaninchen brauchen den Kontakt zu Artgenossen.

Vier Augen sehen mehr als zwei.

Kaninchenbau liegt, nicht mehr sicher oder gibt es nicht mehr genug zu fressen, führen sie die Familie an einen anderen Ort.

Wie in jeder Familie wird auch im Rudel einmal gestritten. Es wird dann richtig „geprügelt", und danach verlassen oft einzelne Tiere oder eine kleine Gruppe das Rudel, um eine eigene Familie zu gründen. Die Rangordnung im Rudel muss nicht immer die gleiche bleiben. Sie kann sich ändern, wenn Jungtiere groß werden, ältere Tiere sterben oder sich in großen Rudeln neue Untergruppen bilden.

Putzen stärkt das Gruppengefühl.

Körperliche Nähe schafft Sicherheit.

01

TYPISCHE VERHALTENSWEISEN

HOCKEN

Die Tiere sitzen mit leicht zurückgelegten Ohren da, manchmal haben sie die Augen dabei halb geschlossen. Es ist ein Zeichen für Entspannung, das Kaninchen fühlt sich sicher und legt ein kleines Ruhepäuschen ein. Manche Tiere mümmeln dabei auch vor sich hin. Am besten jetzt nicht stören!

MÄNNCHEN-MACHEN

Wenn ein Kaninchen ein ihm unbekanntes Geräusch hört oder irgendetwas seine Aufmerksamkeit erregt, wird es Männchen machen. So verschafft es sich durch Emporrecken einen besseren Überblick über seine Umgebung – wer größer ist, sieht mehr. Wenn das Kaninchen an einen besonderen Leckerbissen herankommen will, macht es auch Männchen. Es kann bei besonders zutraulichen Tieren auch ein Begrüßungsritual sein.

02

DUCKEN

Das Tier presst sich flach und regungslos auf den Boden, die Ohren sind eng an den Körper angelegt. Im Rudel bedeutet dies eine Unterwerfungsgeste gegenüber einem ranghöheren Artgenossen. Diese Verhaltensweise zeigen Zwerge auch Menschen gegenüber, wenn sie Angst haben. In der freien Natur versucht sich das Kaninchen durch regungsloses Ducken zu verstecken oder seine Feinde zu täuschen und sie glauben zu lassen, es sei tot. Ducken ist also immer ein Zeichen von Verunsicherung oder Angst. Manchmal können Kaninchen aus dieser Duckstellung explosionsartig starten und versuchen wegzulaufen. So ersprinten sie sich einen Vorsprung vor dem Verfolger. Vorsicht, sie können sich dabei verletzen, weil sie sehr viel Kraft in den Hinterbeinen entwickeln.

AUF-DER-SEITE-LIEGEN

Das Kaninchen streckt die Beine weit nach hinten, die Augen beginnen sich zu schließen, gleich schläft es ein. Dieses Verhalten zeigt totale Entspannung, also bitte nicht stören.

DROHHALTUNG

Der Hintern ist hochgestellt, das Schwänzchen meist aufgerichtet und der Vorderkörper geduckt. Dies ist eine äußerst angespannte Stellung, die Nerven des Kaninchens sind bis zum Äußersten gespannt – es droht. Bei zurückgelegten Ohren greift es vielleicht gleich an, was allerdings nur in äußersten Notsituationen passiert. Wenn das Kaninchen droht, versuchen Sie dringend die Situation zu entschärfen. Nehmen Sie etwas Abstand, es fühlt sich vielleicht von Ihnen bedroht. Oder es nähert sich gerade die Nachbarskatze oder der Tierarzt mit der Spritze.

AUF-DEM-RÜCKEN-WÄLZEN

Dieses genüssliche Rekeln ist ein Zeichen höchsten Wohlbefindens. Die Tiere wälzen sich meist in weichem Untergrund, bevorzugt in Sägespänen oder weicher Einstreu. Das tun sie aber nur, wenn sie sich vollkommen sicher vor Fressfeinden fühlen.

03

04

01 Kaninchen hocken gern und mümmeln vor sich hin. Hier ist Entspannung angesagt.

02 Wer Männchen macht, sieht mehr.

03 Ängstliche Kaninchen ducken sich und legen die Ohren an.

04 Ein Schattenplätzchen ist im Sommer angenehm. Hier kann man sich entspannt ausstrecken.

MIT-DER-SCHNAUZE-STUPSEN

Kaninchen stupsen sich aus mehreren Gründen: Bei der Begrüßung gibt es einen leichten Stüber mit der Schnauze. Wenn Ihr Zwerg Ihre Hand leicht mit der Schnauze anstupst, heißt das so viel wie „Streichle mich", oder Sie werden ganz einfach so begrüßt. Heftiges Stupsen dagegen oder sogar das Wegdrücken der Hand bedeutet aber: „Lass mich in Ruhe, jetzt ist es genug."

LECKEN

Lecken ist ein Verhalten, das Kaninchen an den Tag legen, wenn sie soziale Kontakte mit ihren Artgenossen pflegen. Sympathische Rudelmitglieder werden beleckt und geputzt. Es ist also ein Zeichen des Wohlbefindens. Wenn Ihr Zwerg Ihre Hand leckt, fühlt er sich wohl und meint: „Mach weiter, das tut mir gut." Ein Kaninchen leckt sich natürlich auch wie eine Katze zur Körperpflege. Dabei werden die Vorderpfoten nass gemacht und dann wie ein Waschlappen fürs Gesicht benutzt.

009

Zum Film:
Kaninchen-
verhalten

KOTFRESSEN

Wenn Kaninchen ihren eigenen Kot aufnehmen, ist das weder eklig noch abnormal und hat nichts mit Mangelerscheinungen und schlechter Ernährung zu tun. Kaninchen müssen ihren Kot fressen, um ihren Körper mit Vitaminen zu versorgen. Sie fressen dabei meist nur besonders geformte Kotkügelchen, die sie auch hauptsächlich nachts ausscheiden. Diesen Blinddarmkot (siehe S. 28, 65) nehmen sie in der Regel direkt vom After auf. Der Blinddarmkot ist etwas anders geformt als der normale Kot. Er ist kleiner und feuchter.

01 *Kaninchen fressen ihren eigenen Kot, das ist ein ganz normales und wichtiges Verhalten.*

02 *Putzen stärkt den Gruppenzusammenhalt.*

03 *Scharren und Buddeln können die Krallenpflege ersetzen.*

04 *Das Revier wird mit der Kinndrüse markiert.*

01

02

03

04

SCHARREN

Kaninchen haben einen angeborenen Grab-
reflex, der sie auch dazu verleitet, an Stellen
Löcher graben zu wollen, an denen man gar
nicht graben kann. Das Scharren könnte
also auf diesen Reflex zurückzuführen sein.
Es gibt aber noch andere Ursachen. Geschlechtsreife Rammler, brünstige Häsinnen
oder Kaninchen kurz vor der Geburt scharren
ebenfalls. Auch dominante Tiere versuchen,
den Geruch der rangniedrigeren Tiere zu-
zuscharren. Dabei kann es sich um eine für
uns nicht wahrnehmbare Duftmarke handeln,
oder tatsächlich um Kot oder Urin eines
unterlegenen Artgenossen. Scharren nach
dem Streicheln kann aber auch der Wunsch
nach noch mehr Zuwendung sein. Scharren
ist auch wichtig für die Krallenpflege. Kaninchen, die Scharren und Buddeln können,
haben kurze Krallen, die nicht geschnitten
werden müssen.

AUFSTAMPFEN UND TROMMELN

Es handelt sich hier nicht etwa um ein besonders musikalisches Tier. Trommeln mit den
Hinterbeinen soll die Rudelmitglieder vor
Gefahren warnen und ihnen signalisieren, dass
sie schnellstmöglich im Bau verschwinden
sollen. Im Gehege können die Kaninchen
auch heftig mit den Hinterbeinen gegen die
Wand schlagen. Dies ist immer ein Zeichen
von Unbehagen, Angst oder eine Drohge-
bärde. Das Trommeln bekomme ich in der
Tierarztpraxis oft zu hören, wenn die Tiere
nach der Behandlung wieder in ihre Transportboxen gesetzt werden.

KINNREIBEN

Wenn Kaninchen mit dem Kinn an Gegen-
ständen entlangreiben, kratzen sie sich nicht
etwa, sondern markieren auf diese Weise ihr
Revier mit einem für uns nicht wahrnehm-
baren Duft.

Auch an Baumstämmen im Gehege kann man prima schnüffeln und sein Kinn reiben.

DUFTE NACHRICHTEN

Kaninchen kommunizieren auch mit der Nase. Sie setzen verschiedene Duftmarken, die für die anderen Kaninchen hochinteressante Informationen enthalten. Hierfür verfügen sie über einige besondere Duftdrüsen, mit deren Sekret sie ihre Umgebung markieren und Botschaften für Freunde und Feinde hinterlassen.

In der Natur ist es für die Kaninchen überlebenswichtig, bei Gefahr sofort im Bau verschwinden zu können. Deshalb markieren sie die Umgebung ihres Baus mit ihren Duftmarken, um sich besser orientieren zu können. Forscher haben herausgefunden, dass um einen Wildkaninchenbau bis zu 30 Toilettenstellen verteilt sein können, denn Kaninchen

markieren ihre Umgebung auch mit dem Kot. Dieser wird durch den Geruch der Perianaldrüsen unverwechselbar. Als Kaninchenbesitzer werden Sie bemerken, dass ein Kaninchen in einer fremden Umgebung sehr vorsichtig ist und sich anfangs gar nicht oder zumindest nicht weit aus dem Gehege wagt. Das liegt daran, dass es seine Umgebung noch nicht markiert hat und sich noch unsicher fühlt. Die verschiedenen Duftstoffe sind aber nicht nur zum Markieren der Umgebung da. Anhand des Geruchs können die blinden Neugeborenen ihre Mutter erkennen. Auch bei der Begegnung zweier Kaninchen wird vom Gegenüber erst mal eine kräftige Nase voll genommen: Wer bist du? Rammler oder Häsin? Wie alt? Kennen wir uns schon? Sind wir vielleicht verwandt?

ANALDRÜSEN

Die Analdrüsen liegen seitlich des Afters und münden in den Enddarm. Das Sekret der Analdrüsen überzieht den Kot mit dem persönlichen Duft eines Kaninchens. Das Absetzen der Kotmarken zeigt den anderen für die Augen und die Nase: „Dies ist mein Revier, hier wohne ich."

Diese Kotmarken helfen dem Kaninchen aber auch, Stellen wiederzuerkennen, an denen es bereits gewesen ist. Da Kaninchen nicht besonders gut sehen, sind diese Markierungen sehr wichtig für die Orientierung der Langohren.

PERIANAL- ODER LEISTENDRÜSEN

Diese Duftdrüsen befinden sich in einer haarlosen Hautfalte beiderseits der Geschlechtsöffnung. Sie produzieren ein talgiges, meist gelblich bräunliches Sekret, das ein bisschen schmierig ist. Den Geruch der Leistendrüsen können auch Menschen riechen. Er ist süßlich und riecht leicht nach Urin.

Der Duft dieser Drüsen dient bei der ersten Kontaktaufnahme zwischen zwei Kaninchen dem Erkennen von Rudelmitgliedern. Sicherlich ist Ihnen aufgefallen, dass Kaninchen

KINNDRÜSE

Diese Drüse sitzt unter der Zunge und gibt über Hautporen ihr Sekret nach außen ab. Es wird benutzt, um die Umgebung um den Bau und das eigene Revier zu markieren. Falls ein störender fremder Geruch vorhanden ist, versucht das Kaninchen, diesen mit dem Duft des Kinndrüsensekrets zu überdecken. Der Geruch der Kinndrüse ist dem Kaninchen ganz besonders vertraut, und es fühlt sich geborgen in einer Umgebung, die nach seiner Kinndrüse riecht.

Deshalb kann das Putzen von Stuhlbeinen oder das Abwaschen der Möbelunterteile Ihre Zwerge aus der Fassung bringen. Plötzlich riecht das vertraute Heim fremd. Sicher werden sie beginnen, alles eifrig durch Kinnreiben neu zu markieren.

Bei der Begrüßung wird zunächst einmal der Po inspiziert.

sich gegenseitig erst mal am Po beriechen. Das Sekret der Leistendrüsen gibt außerdem Auskunft über Geschlecht, Paarungsbereitschaft und verleiht dem Urin die persönliche, unverwechselbare Kaninchennote. Der Rammler bespritzt seine auserwählte Kaninchendame vor der Paarung mit Urin, um allen anderen ganz klar zu zeigen: Diese Frau gehört zu mir. Außerdem wird mit dem Urin auch das Revier markiert.

GANZ BEI SINNEN

SEHVERMÖGEN

Da die Augen der Kaninchen seitlich am Kopf angeordnet sind, haben die Langohren einen fast 360-Grad-Rundumblick. Sie können auch Dinge hinter und über ihrem Kopf gut wahrnehmen. Nur direkt vor ihrem Näschen sehen sie nichts. Das erklärt, warum Kaninchen manchmal Leckerbissen, die

Die beweglichen Ohren können auch leise Geräusche gut wahrnehmen.

direct vor ihrer Nase liegen, nicht bemerken. Dinge, die sich direkt vor ihnen befinden und die keinen Duft verströmen, müssen sie direkt mit Lippen und Tasthaaren ertasten. Auch Entfernungen können Kaninchen, vor allem im Nahbereich, nur schlecht abschätzen. Deshalb kann es vorkommen, dass sie einem plötzlich zwischen die Beine rennen, vor allem, wenn sie sich erschrecken. Kaninchen sind zudem kurzsichtig, das heißt, in die Ferne sehen sie nur unscharf. Eigentlich müssten sie also – trotz vieler Karotten – eine Brille tragen. Aufgrund anatomischer Besonderheiten kann sich die Pupille im Kaninchenauge nicht besonders gut zusammenziehen. Das macht die Tiere sehr empfindlich für grelles Licht. Deshalb schätzen sie eher gedämpftes Licht. In der Dämmerung können sie dafür recht gut sehen.

GEHÖR

Die aufrecht stehenden Ohren der Kaninchen wirken wie große Schalltrichter, und sie können wesentlich besser hören als wir Menschen. Das ist für wilde Kaninchen überlebenswichtig, um herannahende Fressfeinde rechtzeitig wahrzunehmen, aber auch, um die ganz leisen Mitteilungen untereinander nicht zu überhören. Ein aufmerksames Kaninchen dreht seine Ohren ständig hin und her. Man nennt dies auch „Ohrenspiel". Dadurch kann das Kaninchen sehr genau bestimmen, aus welcher Richtung Geräusche kommen. Widderkaninchen mit ihren Schlappohren hören schlechter als Kaninchen mit Stehohren und können auch die Richtung, aus der ein Geräusch kommt, nicht so gut bestimmen. Trotzdem ist ihr Gehör immer noch sehr viel feiner als das des Menschen.
Das empfindliche Gehör bedingt, dass die Tiere unter lauten Geräuschen sehr leiden. Sie empfinden jeglichen Lärm als viel unangenehmer als wir Menschen, und was wir vielleicht gerade mal als laut empfinden, erreicht bei Kaninchen bereits die Schmerzgrenze. Also möglichst auf lautes Radio, Fernsehen, Musik oder sehr laute Gespräche verzichten.

DIE LAUTSPRACHE DER KANINCHEN

Gurren
Wohlfühllaut, auch beim Säugen der Jungen, klingt ähnlich wie Schnurren.

Fiepen
Hilferuf der Jungen nach der Mutter.

Fauchen
Zeichen von Unzufriedenheit, Angst oder Aggression, dient auch der Warnung.

Knurren
Rammler knurren nach dem Deckakt.

Schreien
Gellender Laut, den Kaninchen in höchster Gefahr und Todesangst ausstoßen.

Zähnemahlen
In höchster Zufriedenheit bewegen Kaninchen Ober- und Unterkiefer gegeneinander und erzeugen so einen mahlenden Laut.

Zähneknirschen
Schmerzlaut, lauter als das Mahlen.

LEISE TÖNE

Kaninchen sind in der Natur darauf bedacht, möglichst wenig Geräusche zu machen, um Feinde nicht auf sich und ihren Bau aufmerksam zu machen. Geräusche geben sie meist nur in Konfliktsituationen oder Zeiten größter Not von sich. Trotzdem kann man, wenn man gut zuhört und hinsieht, seine Kaninchen „reden" hören (siehe Kasten).

MIT DEN OHREN SCHWITZEN

Die Ohren haben aber noch eine weitere Funktion. Da Kaninchen sehr wenig Schweißdrüsen besitzen und deshalb kaum schwitzen können, brauchen sie ihre „Löffel", um im Sommer ihre Körpertemperatur zu regulieren. Über die stark durchbluteten Ohren wird überschüssige Wärme an die Luft abgegeben. Hellhäutige Kaninchen können einen Sonnenbrand an den Ohren bekommen.

Kaninchen haben einen feinen Geruchssinn, mit dem sie Fressbares erkennen.

GERUCHSSINN

Kaninchen sind richtige kleine Schnüffelnasen. Wenn man bedenkt, dass sie mit ihren verschiedenen Duftdrüsen richtige Unterhaltungen führen können, ist dies nicht verwunderlich. Schon die neugeborenen Kaninchen erkennen das Gesäuge ihrer Mutter am Geruch. Auch als ausgewachsene Tiere beschnuppern sich Kaninchen bei der Begrüßung und stellen schnell fest, ob sie ihr Gegenüber „riechen" können oder nicht. Wissenschaftler haben herausgefunden, dass Kaninchen aber nur eine begrenzte Zahl von Artgenossen am Geruch erkennen können. Das heißt, ihr „Geruchsspeicher" im Gehirn registriert nur eine begrenzte Anzahl persönlicher Düfte von anderen Artgenossen. In der Wohnungshaltung spielt dies aber nur eine untergeordnete Rolle, da die Tiere meist nur Kontakt mit wenigen anderen Kaninchen und Menschen haben.

Die Nase eines Kaninchens ist ständig in Bewegung. Mithilfe der beweglichen Nasenfalte kann das Kaninchen die Luftzufuhr in seine empfindlichen Nasenmuscheln steuern. Dieses ständige Hochziehen der Nasenfalte nennt man „Nasenblinzeln". Bei der Futtersuche und -aufnahme gleichen die Kaninchen ihre schlechte Nahsicht durch ihr gutes Geruchsvermögen aus. Sie beschnuppern die Nahrung, um festzustellen, ob sie sie mögen oder nicht. Um die empfindlichen Nasen der

Nach dem Fressen wird geputzt.

kleinen Schnüffler zu schonen, sollten Sie auf Parfümorgien verzichten, wenn sie sich mit dem Tier beschäftigen. Viele mögen schon den Geruch von Seife auf der Haut nicht. Genauso falsch sind aber schmutzige Hände, die für Kaninchennasen einfach stinken. Am besten reibt man die Hände mit Heu ab – das mögen die kleinen Schnüffler.

GESCHMACKSSINN

Kaninchen können mit den Geschmacksknospen in ihrer Mundhöhle genau wie wir süß, sauer, bitter und salzig unterscheiden. Wie die meisten von uns mögen auch Kaninchen gern süße Sachen. Aber wie für uns Menschen gilt auch für hoppelnde Leckermäulchen: Süßes ist ungesund, schadet und macht dick. Obwohl Kaninchen bei der Nahrungssuche nicht nach süßem Futter suchen, mögen sie es trotzdem gern. Deswegen fressen sie ungesunde süße Dickmacher natürlich lieber als gesundes Heu. Ihr Verdauungstrakt ist außerdem nicht auf die Aufnahme von Milchprodukten ausgelegt. Auch deshalb: Finger weg von Schokolade, Keksen und Kuchen, die immer auch Milcheiweiß enthalten. Wenn Sie Ihrem Kaninchen zwischendurch eine Leckerei geben wollen, greifen Sie lieber auf einen süßen Apfel zurück als auf dick machende Kaninchensüßigkeiten. Füttern Sie im Sommer etwas Klee. Aber auch hier gilt: Des Guten nicht zu viel, denn Klee kann zu Blähungen und Bauchschmerzen führen. Manche Kaninchen haben eine Vorliebe für bittere Nahrung. Deshalb fressen sie Cichorée auch gern. Dies liegt wahrscheinlich daran, dass bittere Nahrung meistens Gerbstoffe enthält, und die sind gut für die Verdauung.

TASTHAARE

Kaninchen haben im Gesicht um die Augen und um die Nase herum lange feine Haare, die sehr empfindlich sind. Diese Haare nennt man Tasthaare. Sie sind an ihrer Wurzel mit feinen Nerven ausgestattet, die es dem Kaninchen erlauben, die leichtesten Berührungen wahrzunehmen. Mithilfe der Tasthaare können sich die Tiere auch in der Dunkelheit zurechtfinden und genau abmessen, ob sie durch einen Durchschlupf passen oder nicht. Tasthaare sind sehr empfindlich und sollten nicht grob gebürstet werden.

TASTHAARE

Die Tasthaare dürfen auf gar keinen Fall abgeschnitten werden! Beim Streicheln nicht gegen den Strich umbiegen, das tut den Tieren weh. Sie reagieren sehr empfindlich und wollen schlimmstenfalls nicht mehr gestreichelt werden.

HALTUNGSPROBLEME

Manchmal benehmen sich Kaninchen eigenartig. Da schießen sie wie kleine Gewehrkugeln aus ihrem Gehege; das nächste Mal verstecken sie sich in ihrem Häuschen oder reißen sich die Haare aus. Was steckt hinter solchem Verhalten?

WENN KANINCHEN SCHEU SIND

Sie wollten Kaninchen natürlich auch aus dem Grund, um mit ihnen zu schmusen und zu spielen. Nun ergreifen diese aber sofort die Flucht, wenn Sie sich nähern, und verstecken sich ständig in ihren Häuschen. Es gibt Langohren, die nicht richtig zahm werden. Mögliche Ursachen sind angeborene Wildscheue, mangelnder Kontakt mit dem Menschen in den ersten Lebenswochen, ein scheues Muttertier oder Fehler beim ersten Kontakt mit dem Kaninchen. Deshalb sollte man beim Kauf unbedingt darauf achten, wie die Tiere gehalten werden. Hat das Muttertier Kontakt mit Menschen? Wie verhalten sie sich, wenn der Züchter herankommt? Wie benehmen sich die Kaninchen im Zoogeschäft? Auch im Tierheim werden Sie darüber informiert, ob es sich um scheue oder zahme Tiere handelt. Überprüfen Sie den Gehegestandort. Fühlen sich die Kaninchen bedroht, weil dauernd jemand am Gehege vorbeiläuft?
Versuchen Sie die Tiere mit Leckerbissen aus der Hand zu füttern, ohne sich dabei dem Tier von oben zu nähern. Am besten legen Sie sich vor das Gehege auf den Bauch. Wichtig beim Zähmen eines jeden Tiers: Ruhe und Geduld, das Tier zu nichts zwingen!

WENN SICH KANINCHEN NICHT MEHR VERTRAGEN

Mit Eintritt der Geschlechtsreife im Alter von etwa vier Monaten kann es zu Problemen sowohl zwischen gleichgeschlechtlichen als auch verschiedengeschlechtlichen Tieren kommen. Zwei Rammler können auf einmal aufeinander losgehen, sich beißen und verletzen. Auch zwei Häsinnen können dieses Verhalten zeigen. Vielleicht versucht auch das eine Weibchen, das andere zu besteigen. Das Aufreiten ist eine eindeutige Dominanzgeste. Rammler lassen Sie am besten kastrieren – und zwar beide. Ansonsten würde das kastrierte Tier unter dem nicht kastrierten noch mehr leiden. „Prügeln" sich zwei Weibchen über längere Zeit, lassen Sie vom Tierarzt abklären, ob eines der beiden vielleicht dauerbrünstig ist oder Eierstockzysten hat. Auch dann kann eine Kastration notwendig werden. Manchmal ist auch ein zu kleines Gehege schuld an Aggressivität, da sich die Tiere nicht aus dem Weg gehen können.

WENN KANINCHEN AGGRESSIV SIND

Aggressivität kommt meistens bei älteren Tieren vor, die vorher bei anderen Besitzern waren. Durch Fehler im Umgang fühlen sich die Kaninchen bedroht und wollen ihr Revier, also das Gehege verteidigen. Denn eigentlich sind Kaninchen äußerst friedliebende Zeitgenossen und greifen nur im äußersten Notfall an. Sie knurren dann und greifen die Hand an, die man nach ihnen ausstreckt, beißen vielleicht sogar zu.
Bei trächtigen Häsinnen oder Häsinnen mit Jungen ist aggressives Verhalten normal. Sie versuchen, den Nachwuchs zu schützen. Es gibt aber auch Häsinnen, die scheinträchtig sind, wenn eine Bedeckung nicht zu einer Trächtigkeit geführt hat. Manche Tiere reißen sich sogar das Fell an der Wamme und am Bauch aus und bauen ein Nest. Bei ihnen verschwindet dieses aggressive Verhalten meist nach ungefähr vierzehn Tagen aber von selbst wieder.
Sind nicht Trächtigkeit, Scheinträchtigkeit oder frisch geborene Junge der Grund für die Aggressivität, hilft nur Geduld und freundliches, ruhiges Zureden und Maßnahmen wie für scheue Kaninchen beschrieben. Ein Muttertier setzen Sie zur Nestkontrolle in ein anderes Gehege um.

WENN KANINCHEN ZERSTÖRERISCH SIND

Es gibt Tiere, die an Trenngitterstäben nagen, ihr Häuschen permanent zerlegen und beim Freilauf vor Möbelbeinen und Tapeten keinen Halt machen. Diesen Tieren ist in der Regel einfach langweilig. Sie haben in ihrem Gehege nicht genug Beschäftigungsmöglichkeiten, und auch der Wohnungsfreilauf bietet ihnen zu wenig Abwechslung.

Meist sind diese Problemfälle sehr lebendige, verspielte junge Tiere mit einem ausgeprägten Nagetrieb. Etwas mehr Bewegung lindert häufig die Symptome der Zerstörungswut – und bekämpft die Ursachen. Gestalten Sie eine spannende Wohnungsspiellandschaft, denken Sie sich neue Spielideen aus, und lassen Sie Ihre Kaninchen „arbeiten", um an Leckerbissen zu kommen, wenn sie einmal im Gehege bleiben müssen. Falls Sie vor Zerstörungen in Ihrer Wohnung Angst haben, schaffen Sie sich ein Freilaufgehege an, und lassen Sie die kleinen Mümmler, wenn die Witterungsbedingungen es erlauben, so oft wie möglich auf den Balkon oder in den Garten. Kaninchen dürfen auch bei kalter Witterung ins Freie. Aber auch hier gilt es für Abwechslung zu sorgen. Halten Sie ein Einzelkaninchen, dann schaffen Sie sich in jedem Fall ein zweites Tier an, mit dem es sich beschäftigen kann. Kaninchen sind Rudeltiere und sollten immer mindestens zu zweit gehalten werden!

Nicht immer herrscht Harmonie im Gehege. Gehen Sie den Ursachen auf den Grund.

Die schönsten Lieblingsspiele

In der freien Natur sind Kaninchen wahre Hoppelweltmeister. Sie rennen blitzschnell um Kurven, schlagen Haken, trommeln mit den Hinterbeinen, springen und klettern. Befriedigen Sie den Bewegungsdrang Ihrer Zwerge durch immer neue Spielideen und viel Freilauf.

BEWEGUNG HÄLT FIT

Kaninchen brauchen ausreichende Bewegung, wenn sie sich wohlfühlen und gesund bleiben sollen. Als Halter müssen Sie dafür sorgen, dass Ihre Hoppler ihren Bewegungsdrang ausleben können. Also nichts wie raus! Am schönsten ist Bewegung an der frischen Luft in einem großen Freigehege (siehe S. 52 ff.). Doch nicht jeder kann seinem Kaninchen diesen Luxus bieten. Aber auch in der Woh-

nung kann es im oder außerhalb des Geheges hoch hergehen. Wichtig ist dabei nur, dass für die Sicherheit der Tiere gesorgt ist (siehe S. 57) und alles, was nicht benagt werden soll, aus der Reichweite ihrer scharfen Zähne gebracht wird. Besonders Kabel von Fernseher, elektrischen Leitungen und Telefonen sind beliebtes „Knabberobjekt" der Langohren und können zu Verletzungen durch Stromschläge führen. Kabel können durch Kabelschächte gesichert werden.

Kaninchen rennen gern durch Röhren.

EXKURS: STUBENREINHEIT

Natürlich möchten Sie nicht, dass Ihre Kaninchen in der ganzen Wohnung ihre Spuren hinterlassen. Während die kleinen Kotkügelchen ganz einfach im Staubsauger verschwinden, sind Urinpfützen etwas aufwendiger zu beseitigen. Doch keine Sorge: Grundsätzlich kann man nämlich durchaus davon ausgehen, dass man seine neuen Mitbewohner zur Stubenreinheit erziehen kann. Es kann sein, dass es nicht auf Anhieb klappt, manche Zwerge brauchen eben etwas länger, dann ist Ihre Geduld gefragt.

Kaninchen sind bestrebt, ihre Behausung möglichst sauber zu halten, und benutzen deshalb immer nur eine Ecke, um dort ihr „Geschäft" zu verrichten. Diesen Trieb kann man bei der Erziehung zur Stubenreinheit nutzen. Wenn Sie die Tiere aus dem Gehege lassen, stellen Sie eine Kaninchentoilette in der Nähe des Geheges auf. Solange sie ihre Umgebung noch nicht gut kennen, entfernen sich Kaninchen nicht sehr weit von ihrem „Zuhause" und lernen schnell, wozu dieses Ding gut ist. Haben Sie ein großes Gehege oder gar ein ganzes Kaninchenzimmer, können Sie auch dort eine Kaninchentoilette aufstellen. Anstatt einer Katzentoilette besorgen Sie sich lieber eine Kaninchentoilette – man bekommt sie im Zoofachgeschäft. Es handelt sich um eine flache Kunststoffwanne, bei der durch eine Aussparung in der Wand dem Kaninchen der Ein- und Ausstieg erleichtert wird. Die Tiere benutzen ein solches Klo meist viel lieber, und beim Hinaushüpfen wird auch nicht so viel Streu mit hinausgeschleudert. Allerdings sollte die Toilettenkiste nicht zu klein sein, Kaninchen legen sich auch gern in ihre Toilette, und dafür sollte genügend Platz vorhanden sein. Haben Ihre Kaninchen bereits eine Stelle gewählt, an der sie ein „Geschäft" verrichten, stellen Sie die Toilette dort auf. Kaninchen markieren ihr Revier mit Kot und Urin, und deshalb macht es wenig Sinn, Kaninchen dazu zu zwingen, an einer anderen Stelle Kot abzusetzen.

TRAININGSPLAN STUBENREINHEIT

So wird Ihr Kaninchen schnell stubenrein

— Geben Sie etwas verschmutzte Einstreu aus der Toilettenecke des Geheges und ausreichend frische Streu in eine flache Kiste.
— Wichtig! Der Rand der Klokiste darf nur so hoch sein, dass die Tiere leicht hinein- und hinausspringen können. Es gibt Kisten mit einer Aussparung im Rand.
— Die Toilettenkiste sollte so groß sein, dass sich ein Kaninchen darin hinlegen kann.
— Stellen Sie das Kaninchenklo nahe dem Gehege auf.
— Lassen Sie die Kaninchen an der neuen „Einrichtung" schnuppern.
— Beobachten Sie die Tiere beim Freilauf gut. Sobald eines mit den Vorderpfoten scharrt oder den Po nach unten drückt und das Schwänzchen hebt, setzen Sie es sofort in das Kaninchenklo.
— Das müssen Sie so lange bei jedem Freilauf wiederholen, bis die Hoppler begriffen haben, was Sie von ihnen wollen.
— Verändern Sie den Standort des Kaninchenklos nicht.

Ist der von den Hopplern gewählte Platz unpassend, können Sie die Toilette langsam verschieben und so vielleicht zu einem Kompromiss kommen.

Zu Beginn wird sicher ab und zu das eine oder andere kleine Malheur passieren. Damit die Kaninchen nicht dazu animiert werden, ihren Urin und Kot überall im Zimmer zu verteilen, entfernen sie Kotkügelchen und Urinpfützen sofort. Um den Uringeruch zu neutralisieren, waschen Sie die betroffenen Stellen am besten mit Essigwasser ab. Nehmen Sie keine scharfen Reinigungsmittel, die für Kaninchen gesundheitsschädlich sind.

Manchmal braucht man etwas detektivischen Spürsinn, bis man herausfindet, warum die Langohren ihre Toilette nicht benutzen. Die meisten Tiere nehmen aber problemlos die aufgestellten Toiletten an.

TRIMMGERÄTE MIT SPASSEFFEKT

Kaninchen finden den Auslauf in der Wohnung zwar eine Weile interessant, doch sobald sie jeden Winkel kennengelernt haben, beginnen sie sich zu langweilen. Schnell kommt dann so ein kleiner Hoppler auf „dumme Ideen", wie etwa alles nur Erreichbare mit Nagespuren zu versehen. Oder aber er verkriecht sich hinter dem Sofa und bleibt dort stundenlang gelangweilt sitzen – auch das ist nicht Sinn und Zweck der Übung, denn Freilauf soll ja für Bewegung sorgen. Möglicherweise wird aber auch die Sofarückseite aufgefressen. Deshalb müssen Kaninchen zu anderen Aktivitäten animiert werden.

FIT-AND-FUN-PARCOURS

Gestalten Sie deshalb Ihre Wohnung zum spannenden Kaninchen-Fitness-Parcours mit Spaßgarantie um. Sie müssen gar nicht unbedingt viele teure Spielgeräte im Zoofachhandel kaufen. Es geht auch problemlos mit ganz einfachen, günstigen Mitteln. Man besorgt sich unterschiedlich große Pappschachteln und schneidet verschieden große Eingänge hinein. Kinder haben oft viel Spaß daran, diese Häuschen mit – sehr wichtig! – ungiftigen Farben zu verschönern. Diese Schachteln stellen Sie dann in der Wohnung an verschiedenen Stellen auf. Sie können sie zusätzlich mit Papierfetzen füllen oder eine Leckerei in der einen oder anderen Schachtel verstecken. Auch große leere Papprollen

Alte Kartons können individuell gestaltet werden.

können Sie in den Parcour integrieren. Kaninchen schlüpfen gern durch diese „Höhlenattrappen" und verstecken sich darin. Nun kann der Spaß losgehen: erst einmal die neuen Trimmgeräte begutachten, hineinschlüpfen, draufklettern, drüberhüpfen und sich verstecken. Die Zwerge lieben es nämlich, sich auf ihren Ausflügen zwischendurch einmal zu verkriechen. Als Flucht- und Beutetiere müssen sie immer auf der Hut vor Feinden sein. Dieses Verhalten legen Zwergkaninchen auch nicht ab, obwohl sie Fuchs oder Habicht in der Wohnung wahrlich nicht zu fürchten brauchen. Bitte seien Sie aber nicht betrübt, wenn Ihre Kaninchen die Kunstwerke nicht lange zu würdigen wissen und anfangen, sie zu beknabbern.

FÜR BASTLER

Geschickte Bastler müssen sich nicht mit einfachen Kartonhäuschen begnügen, sondern können aus Sperrholz und Leisten, die im Baumarkt erhältlich sind, Häuschen und Hindernisse bauen.

Mit den gelben Plastikgießröhren für frisch gepflanzte Bäume oder mit Tonröhren aus dem Baumarkt kann man die Kaninchen-Spiellandschaft prima ergänzen. Verbinden Sie damit die Ausgänge verschiedener Häuschen, so entsteht für das Kaninchen beim Durchkriechen ein richtiges „Kaninchenbau-Gefühl". Manchmal dauert es eine Weile, bis die Zwerge die fremd riechenden Röhren annehmen. Ein wenig gebrauchte Streu lässt aber schnell „Heimatduft" einkehren.

010
Zum Film: Abwechslung für Zwerge

Auf zweigeschossigen Häuschen kann man prima klettern.

97

Ein Spielplatz
— für Langohren

01

02

01 Kaninchen überwinden Hürden
mühelos und haben Freude an
verschiedenen Klettergeräten.

02 Aus dem Stand springen Kaninchen gern hoch.

03 Auch von oben nach unten
klappt es gut.

03

04 *Erhöhte Sitzplätze bieten eine gute Rundumsicht.*

05 *Kaninchenspielplatz: klettern, scharren, buddeln.*

06 *Viele Kletter- und Versteckmög-lichkeiten machen das Gehege abwechslungsreich. Und die Naturmaterialien eignen sich gut zum Benagen.*

04

05   06

Aha, Futter auf dem Flechtkorb ...

... hochrecken und abspringen ...

FREUDE AM FUTTERN

Auch beim Futtern kann man fit bleiben. Hängen Sie doch den Löwenzahn einmal mithilfe einer Wäscheklammer etwas erhöht in das Gehege. So müssen sich die Mümmelmänner kräftig nach den Leckerbissen recken – Stretching für Zwergkaninchen. Auch ein dicker Ast, in den Sie Löcher bohren, in denen Sie dann Leckereien verstecken können, lädt zum großen Futterspaß ein: Man muss sich recken und strecken, um an das Futter zu kommen, und kann nebenbei die Nagelust befriedigen. Die Fütterung Ihrer Kaninchen muss aber nicht zwangsläufig immer im Gehege stattfinden. Kaninchen sind mit einem sehr guten Geruchssinn ausgestattet und finden versteckte Leckerbissen normalerweise mühelos. Hierzu kann man kleine umgedrehte Pappschachteln, z. B. Schuhkartons, aufstellen und in diese eine ausreichend große Öffnung hineinschneiden. Nun platziert man Leckerbissen, z. B. Rote Beete, getrocknete Bananen, Petersilie oder was immer Ihre Kaninchen besonders gern mögen, im Karton, sodass sie gerade noch herankommen.
Gewöhnliche Eierkartons machen ebenfalls viel her. Diese befüllt man mit Leckereien und schneidet kleine Löcher hinein, sodass das Futter beim Bewegen der Kartons herauspurzelt.

... und schon kommt Kaninchen an den Leckerbissen.

GESUNDES SPIELZEUG ZUM AUFFRESSEN

In vielen Geschäften sind gesunde Spielgeräte für Kaninchen erhältlich, die auch angenagt oder komplett aufgefressen werden können. So gibt es kleine Bälle aus Gras oder Weide, die selbst angenagt und gefressen werden können, aber auch mit Heu gefüllt sind sie interessanter, als nur Heu aus der Raufe zu fressen. In andere Weiden- oder Grasbällchen kann man Futter füllen, das beim Spielen herausrollt. Es gibt inzwischen auch Grasmatten, die aussehen wie Untersetzer, auf denen die Kaninchen liegen können, die sie aber auch fressen dürfen. Sie bestehen aus getrocknetem Alfalfagras, einer für Kaninchen besonders schmackhaften Grassorte.

Naturspielzeug und Weidengeflechte, sei es nun als Ringform, Würfel, Herzchen oder als Liegekörbchen, wird inzwischen von vielen Herstellern der Vorzug gegeben, weil die Kaninchen dieses Spielzeug benagen können, ohne Gefahr zu laufen, Plastikteile oder anderes unverdauliches Material zu schlucken. Versteckspielzeuge aus Holz sind auch sehr beliebt.

Fit statt dick
— die schönsten Futterspiele

01

02

01 *Suchspiele: Kaninchen können sehr gut riechen und finden schnell das Futter in der Hand.*

02 *Den Ball ins Rollen bringen: Durch An- schubsen fällt Futter aus den Öffnungen im Futterball. Zuerst einmal wird er noch vorsichtig beäugt.*

03 *Kaninchenaerobic: Für ein Stückchen Apfel macht jeder gern Männchen.*

03

05

06

04 *Aerobic für Fortgeschrittene: Futter an einer schaukelnden Schnur.*

05 *Ab in die Heukiste: Hier lässt sich so manches Leckerchen finden.*

06 *Auch ein Futterbaum ist schnell gebastelt und lässt sich immer wieder umdekorieren. So können sich die Kaninchen ihr Futter immer wieder erarbeiten.*

011 Futterbaum selber machen

Gesund bis ins hohe Alter

— Eine gute Haltung und Tierarztchecks beugen Krankheiten vor.

So bleiben Ihre Kaninchen gesund

Gesunde Ernährung, regelmäßige Pflege und viel Bewegung halten Zwergkaninchen gesund und fit. Auch eine regelmäßige Gesundheitsvorsoge, besonders im Alter, ist wichtig.

GESUNDHEITS-VORSORGE

Wenn Sie sich täglich mit Ihren Tieren beschäftigen, wird Ihnen schnell auffallen, wenn einmal etwas nicht stimmt. Nicht nur körperliche Veränderungen sollten Sie als Hinweis auf eine mögliche Erkrankung sehen, auch ein ungewöhnliches Verhalten sollte Sie stutzig machen. Ein Tier, das Petersilie über alles geliebt hat und diese plötzlich verschmäht, sollte Ihre Aufmerksamkeit erregen. Wenn Sie den Eindruck haben, ein Kaninchen sei krank, müssen Sie nicht unbedingt sofort mit ihm zum Tierarzt, manchmal reicht ein Anruf, um der Sache auf den Grund zu gehen.

Im hohen Gras können sich kleine Kaninchen gut verstecken.

Die meisten Tierärzte beraten ihre Kunden am Telefon kostenlos. Der Tierarzt kann am Telefon natürlich keine Diagnosen stellen, Ihnen aber Hinweise geben, ob es sich um ein lebensbedrohliches Problem handelt oder nicht. Leider gehört es zur Überlebensstrategie von Kaninchen, sich Krankheiten so lange wie möglich nicht anmerken zu lassen.

TIERARZTBESUCH

Lässt sich ein Problem nicht so einfach telefonisch lösen, ist ein Besuch beim Tierarzt nötig. Überlegen Sie sich schon vorher Antworten auf die Fragen, die der Tierarzt stellen wird (siehe Kasten S. 118), so erleichtern Sie ihm die Diagnosestellung.

Für Hopplers Transport ist es besonders wichtig, eine sichere Transportbox für Kleintiere zu verwenden. Die besonders kleinen, niedlichen Transportboxen mit dem Plexiglasdach sind für Kaninchen nicht gut geeignet. Sie sind zu klein, zu stickig, und Kaninchen fürchten sich vor allem, was von oben kommt. Am besten sind ausreichend große Transportboxen, in denen es ruhig dunkel sein darf. Kaninchen sind Höhlenbewohner und lieben dunkle Höhlen, weil sie sich dort sicher fühlen. Nehmen Sie sicherheitshalber auch ein Handtuch mit, um Ihr Kaninchen beim Tierarzt einzuwickeln oder seinen Kopf damit zu bedecken. Die Dunkelheit mindert den Stress für das Kaninchen, und viele Tiere lassen sich mit einem Handtuch über dem Kopf besser untersuchen und sind weniger schreckhaft. Noch ein Tipp: Alle Tierärzte werden es Ihnen danken, wenn Sie nicht haufenweise Stroh, Heu und Einstreu im Transportkäfig mitführen. Beim Herausnehmen der Kaninchen aus den Transportkäfigen liegt nämlich immer die ganze Einstreu fein verteilt im Behandlungszimmer, und es kostet viel Zeit und Mühe, nach jedem Kaninchenpatienten das Behandlungszimmer wieder salonfähig zu machen. Ein Handtuch eignet sich als rutschsichere Unterlage genauso gut. Natürlich können Sie separat etwas Einstreu

mit Kot mitbringen, anhand dessen sich der Tierarzt ein Bild über den Gesundheitszustand machen kann. Auf Futter können Sie verzichten. Kaninchen sind stressanfällig und fressen auf dem Transport und im Tierarztwartezimmer meistens sowieso nichts.

IMPFUNGEN

Auch ein Grund für einen Tierarztbesuch und ein wichtiger Bestandteil der Gesundheitsvorsorge für Ihre Kaninchen sind die Schutzimpfungen. Sie sind nicht zwingend notwendig, vor allem nicht, wenn Sie Ihre Tiere im Haus halten und diese keinen Kontakt zu anderen Kaninchen haben. Sie schützen Ihre Tiere aber vor meist tödlich verlaufenden Infektionskrankheiten. Wenn Sie Ihre Kaninchen mit ins Ausland nehmen wollen, kann für den Grenzübertritt und die

Checkliste

HIER IST EIN TIERARZTBESUCH ERFORDERLICH:

☐ Inappetenz: Das Kaninchen frisst nicht mehr oder rennt zwar interessiert zum Futternapf, schreckt dann aber vor dem Futter zurück.

☐ Sabbern: Kinn und Wamme des Kaninchens sind ständig feucht.

☐ Durchfall: Der Kot ist nicht mehr zu festen Kügelchen geformt, sondern breiig weich oder gar flüssig. Der Po ist mit Kot verschmiert.

☐ Probleme beim Urinieren: Das Kaninchen sitzt ständig in der Toilettenecke, es scheidet aber immer nur wenige Tropfen Urin aus.

☐ Lahmheit: Das Kaninchen hoppelt nicht mehr und krümmt den Rücken auf.

☐ Fellprobleme: Schuppenbildung oder haarlose Stellen.

☐ Hautprobleme: Rötliche Verkrustungen auf der Haut.

☐ Juckreiz: Das Kaninchen kratzt sich ständig.

☐ Teilnahmslosigkeit: Das Kaninchen verkriecht sich nur noch in seinem Häuschen und will nicht mehr herauskommen.

☐ Tränende Augen.

☐ Niesen oder gelblich grüner Nasenausfluss.

☐ Verkrustete Ohren mit bräunlichem oder weißem, vielleicht auch verkrustetem Sekret.

☐ Starke Abmagerung.

☐ Stumpfes, struppiges Fell.

☐ Häufiges, auffallendes Verdrehen des Kopfes.

Wiedereinreise nach Deutschland eine Tollwutschutzimpfung vorgeschrieben sein. Klären Sie das vor der Reise mit dem Tierarzt ab. Neben der Tollwut sind es vor allem die folgenden drei Krankheiten, gegen die Kaninchen geimpft werden können:

RHD

Rabbit Haemorragic Disease oder Chinaseuche ist eine sehr ansteckende, tödlich verlaufende Virusinfektion, die durch direkten Kontakt zwischen den Tieren, Stechmücken oder kontaminiertes Grünfutter übertragen wird. Die Tiere können sterben, noch bevor sie Symptome zeigen. Viele gehen an blutigen Durchfällen zugrunde. Zu Beginn der Neunzigerjahre forderte diese Krankheit viele Todesopfer unter den Ausstellungskaninchen. Alle Tiere, die auf Ausstellungen gezeigt werden, müssen deshalb geimpft werden. Hat Ihr Kaninchen Kontakt mit fremden Tieren, auch wenn Sie keine Ausstellungen besuchen, empfiehlt sich diese Impfung, die jährlich aufgefrischt werden muss.

MYXOMATOSE

Dies ist eine Viruserkrankung, die zu Schwellungen an Augen, Lippen und Genitalschleimhäuten führt und fast immer tödlich endet. In Australien hatte man versucht, mithilfe der Erreger einer Kaninchenplage Herr zu werden. Myxomatoseerreger werden durch stechende Insekten (Mücken, Flöhe), direkten Kontakt mit infizierten Tieren oder kontaminiertes Grünfutter übertragen; vermehrt tritt diese Krankheit im Juli auf. Durch die milden Winter kommt es aber durchaus auch ganzjährig zu Erkrankungsfällen. Es empfiehlt sich, Tiere, die im Freien gehalten werden, auf jeden Fall zu impfen. Auch diese Impfung sollte jährlich wiederholt werden.

PASTEURELLOSE (KANINCHENSCHNUPFEN)

Manche Züchter und Zoofachhändler lassen ihre Tiere gegen diese Krankheit impfen; erkundigen Sie sich vor dem Kauf danach. Leben Ihre Kaninchen in einer großen Gruppe, dann sollten Sie die Tiere impfen lassen. Ihr Tierarzt berät Sie gern. Allerdings ist die Impfung nicht besonders wirksam und es besteht immer die Gefahr, latent infizierte Tiere, also solche, die keine Symptome zeigen, zu impfen.

KASTRATION

Wenn man zwei Tiere unterschiedlichen Geschlechts hält, sollte man eines von beiden kastrieren lassen. Denn ungewollter Kaninchennachwuchs ist schnell passiert. Auch wenn Sie zwei Rammler halten, kann es erforderlich werden, die beiden „Herren" zu kastrieren, wenn sie sich im Zuge von Rangordnungskämpfen vielleicht sehr stark beißen und gegenseitig verletzen.

Bei einer Kastration entfernt der Tierarzt unter Vollnarkose die Keimdrüsen. Bei männlichen Tieren sind das die Hoden, bei Weibchen die Eierstöcke. Die Entfernung der Eierstöcke ist eine sehr viel aufwendigere und deshalb auch teurere Operation als die Entfernung der Hoden. Wenn Sie also einen Rammler und eine Häsin haben, lassen Sie besser das Männchen kastrieren.

Meist werden die Rammler im Alter von 4 bis 5 Monaten kastriert. Wenn es aufgrund heftiger Rangordnungskämpfe nötig wird, kann der Eingriff auch früher durchgeführt werden. Weibliche Tiere sollten bei der Kastration mindestens 6 Monate alt sein.

FRÜHKASTRATION

Besonders kleine Rammler werden häufig bereits kastriert von den Züchtern abgegeben. Bei der sogenannten Frühkastration werden die Rammler bereits mit 8 Wochen kastriert. Die Kastration erfolgt vor dem Eintritt der Geschlechtsreife und ist nicht mit mehr Risiken verbunden als die Kastration zu einem späteren Zeitpunkt.

Kaninchen sollten mindestens zu zweit gehalten werden.

KRANKHEITEN VON A BIS Z

ABMAGERUNG

Ursachen für einen Gewichtsverlust gibt es viele. Es können Verdauungsstörungen, Zahnprobleme, Würmer und vieles mehr sein. Denken Sie daran, dass auch psychische Ursachen eine Rolle spielen können, z. B. wenn ein Tier sehr unter der Dominanz eines anderen leidet.

AUGENENTZÜNDUNGEN

Zuallererst sollte man kontrollieren, ob sich nicht ein Stückchen Heu oder ein anderer Fremdkörper hinter dem Lid festgesetzt hat. Ein harter Gegenstand kann das Auge reizen und dazu führen, dass es tränt, sich entzündet, eitert oder verschlossen gehalten wird. Tränende Augen können auch ein Anzeichen für Kaninchenschnupfen (siehe S. 113) oder Zahnprobleme sein. Probleme mit den Augen sind immer ein Fall für den Tierarzt und müssen behandelt werden.

BLASENENTZÜNDUNGEN

Wenn ein Kaninchen rötlichen Urin absetzt, muss der Grund dafür nicht immer Blut sein. Bei sehr karotinhaltigem Futter wie Rote Beete oder Karotten kann sich der Urin auch rot verfärben. Auch schmierig schlieriger, trüber Urin muss kein Krankheitszeichen sein. Wenn sich das Kaninchen aber dauernd in seine Toilettenecke setzt und nur einige Tröpfchen herausgepresst werden, sollten Sie zum Tierarzt gehen; wahrscheinlich hat das Kaninchen eine Blasenentzündung. Nicht selten können Blasenentzündungen auch durch Blasensteine verursacht werden.

BLASENSTEINE

Bei Kaninchen kommen Blasensteine relativ häufig vor. Schuld sind Überfütterung und ein zu mineralstoffreiches Futter. Deshalb das Gewicht kontrollieren und keine Minerallecksteine (siehe S. 73) verwenden. Die Krankheitsanzeichen sind dieselben wie bei der Blasenentzündung. Blasensteine müssen vom Tierarzt operativ entfernt werden.

Die Nase sollte feucht und sauber aussehen.

Kontrollieren Sie die Ohren auf Parasiten.

BLUTUNGEN

Egal aus welchen Körperöffnungen ein Kaninchen blutet, es ist immer ein Alarmzeichen und muss tierärztlich versorgt werden. Kontrollieren Sie aber, woher die Blutung kommt, ein rotes Urintröpfchen muss nicht unbedingt eine Blasenentzündung sein.

DURCHFALL

Durchfall ist eine der Hauptursachen, warum Kaninchen zum Tierarzt müssen. Ursachen gibt es sehr viele verschiedene.

Dies können sein: Würmer oder einzellige Darmparasiten, falsches Futter, zu warmes, zu kaltes Futter, Übergewicht oder zu kohlenhydrat- und zuckerhaltiges Futter. Grünfutter ist, wie oft angenommen wird, meistens nicht der Grund für eine Durchfallerkrankung.

Die meisten Kaninchen bekommen Durchfall, weil sie zu gut ernährt werden. Die Fertigfuttermischungen enthalten viel zu viel Kohlenhydrate und meistens auch Zucker, das führt zu Blähungen und wässrigem Kot. Außerdem können sich dicke Kaninchen nicht mehr gut

Kontrollieren Sie das Fell auf Ektoparasiten.

am After putzen und nehmen auch weniger Blinddarmkot auf, was wiederum zu Verdauungsstörungen führt. Eine Kotuntersuchung beim Tierarzt bringt Klarheit. Häufig werden bei dieser Untersuchung Hefepilze gefunden, die aber immer ein Zeichen für eine Störung der Bakterienflora des Darmes sind und nicht die Ursache des Durchfalls, sondern die Folge falscher Ernährung. Nach Futterumstellung verschwinden diese meistens von allein.

ENDOPARASITEN

Schmarotzer, die im Körper eines Tieres wohnen, nennt man Endoparasiten. Meist sind Würmer damit gemeint. Der Wurmbefall kann, wenn man nicht zufällig Würmer im Kot sieht, meist nur mittels einer Kotuntersuchung beim Tierarzt diagnostiziert werden. Hinweise auf Endoparasiten können Dauerdurchfälle, aufgetriebener Bauch und Abmagerung sein. Neben den Würmern gibt es auch einzellige Endoparasiten, die zu Blähungen und Koliken führen können. Diese Kokzidien führen vor allem bei jungen Kaninchen oft zu lebensbedrohlichen Erkrankungen.

EKTOPARASITEN

Ektoparasiten sind Schmarotzer, die auf den Tieren leben. Dazu gehören Flöhe, Läuse, Haarlinge, Milben, Zecken und Ohrmilben. Sie lösen meist Juckreiz mit Schuppen und Krustenbildung aus. Bei diesen Erkrankungen immer den Tierarzt aufsuchen, die Mittel aus dem Zoogeschäft helfen meist nicht gut.

EKZEME

Ekzeme können von Ektoparasiten hervorgerufen werden, aber auch bakteriell oder pilzbedingt sein. Sie sollten vom Tierarzt untersucht werden. Bei Hautpilzen ist besondere Vorsicht geboten, denn sie sind auf den Menschen übertragbar, und gerade Kleinkinder sind besonders anfällig. Wird ein Hautpilz bei einem Kind diagnostiziert, sollte man den Hautarzt über die Tierhaltung informieren und die Kaninchen untersuchen lassen.

ENCEPHALITOZOON CUNICULI

1922 wurde diese inzwischen sehr weitverbreitete Erkrankung zum ersten Mal beim Kaninchen erkannt. Deswegen ist der Name vielleicht auch so kompliziert, weil sich niemand vorstellen konnte, dass diese Erkrankung ein Hauptproblem in Kaninchenbeständen werden würde.

Der Erreger ist ein einzelliger Parasit, der im Gehirn lebt und die Gehirnzellen zerstört. Der Erreger siedelt sich auch in der Niere an, deshalb leiden betroffene Tiere manchmal unter Nierenproblemen. Die Infektion erfolgt über die infizierte Mutter, aber auch über Kot, Urin und Futter, das mit dem Erreger behaftet ist. Die Enzephalitozoonose ist leider eine weitverbreitete Erkrankung und man nimmt an, dass etwa die Hälfte aller Kaninchen damit infiziert ist.

Die Erkrankung lässt sich durch einen Bluttest nachweisen, der aber nur im Zusammenhang mit den entsprechenden Symptomen aussagekräftig ist. Es gibt viele Tiere, die zwar infiziert sind, aber nicht erkranken. Meistens kommt es zu Kopfschiefhaltung, Drehbewegungen in eine Richtung, Augenrollen und Krämpfen. Es kann aber auch sein, dass es zu Lähmungen und Lahmheiten, manchmal nur einer Gliedmaße kommt. Als Besonderheit zeigen manche Kaninchen nur Augenveränderungen in Form von weißen Ablagerungen hinter der Hornhaut. In den meisten Fällen ist die Erkrankung mit verschiedenen Medikamenten gut behandelbar, man kann den Parasiten aber nicht vollständig eliminieren.

FLIEGENMADENBEFALL

Wenn Kaninchen eine feuchte, kotverschmierte Analregion haben, legen im Sommer Fliegen ihre Eier dort ab, und es entwickeln sich innerhalb von wenigen Stunden Fliegenmaden, die sich durch die Haut des Kaninchens bohren und den Tieren sehr schlimme, häufig leider tödlich verlaufende Verletzungen zufügen. Dies betrifft meistens übergewichtige Tiere.

Kaninchen haben einen walzenförmigen Körper und einen relativ kurzen Hals. Aufgrund der anatomischen Voraussetzungen ist die Analregion für sie sowieso schon schwer zugänglich. Wenn sie jetzt noch mit einer mehreren Zentimeter dicken Speckschicht ausgestattet sind, können sie sich eben nicht mehr am Po putzen und ihren After sauber halten, und es kommt zu diesen Erkrankungen. Deshalb im Sommer die Tiere mindestens einmal am Tag kontrollieren oder ein Fliegennetz über das Gehege hängen, damit die Fliegen nicht an die Kaninchen gelangen können, und darauf achten, dass die Analregion des Kaninchens immer sauber und trocken ist. Bei starken Verklebungen und Verschmutzungen kann man das Fell abscheren bzw. die Kotverschmutzungen mit Kamillenbädern lösen.

HAARAUSFALL

Im Herbst und Frühjahr findet der normale saisonale Fellwechsel statt. Die Kaninchen können exzessiv haaren und müssen dann besonders intensiv gebürstet werden. Haarausfall am Bauch oder Hals kann bei Häsinnen auf eine Trächtigkeit oder Scheinträchtigkeit hinweisen, weil sie sich die Haare ausrupfen und ein Nest bauen.

Gesunde Kaninchen sind immer auf der Hut.

Wenn der Pelz juckt, müssen es nicht unbedingt Flöhe sein.

HITZSCHLAG

Kaninchen sind sehr hitzeempfindlich. Ein Kaninchen, das flach atmend am Boden kauert, in ein feuchtes Tuch wickeln und sofort in den Schatten bringen.

KANINCHENSCHNUPFEN

Diese meist durch Bakterien verursachte Krankheit ist sehr ansteckend und endet häufig tödlich. Viele Tiere sind Bakterienträger, ohne selbst zu erkranken. Kaninchenschnupfen bedarf immer einer Behandlung mit Antibiotika. Gegen bestimmte Schnupfenerreger gibt es aber die Möglichkeit einer Schutzimpfung (siehe S. 107).

KOTKETTEN

Kotketten sind kleine Kotbällchen, die wie an einer Schnur aufgereiht ausgeschieden werden. Dies ist immer ein Zeichen dafür, dass die Tiere vermehrt Haare abschlucken, diese glücklicherweise mit dem Kot ausgeschieden werden und somit nicht zu einem Haarballen im Magen verklumpen. Beobachten Sie solche Kotketten, geben Sie zur Unterstützung etwas

Ananas oder Nagermalt aus dem Zoogeschäft. Außerdem sollten Sie das Kaninchen bürsten und die überschüssigen und abgestorbenen Haare entfernen. Viele, besonders langhaarige Tiere oder solche mit dichter Unterwolle nehmen beim Putzen sehr viele Haare auf und haben dann Verdauungsstörungen.

PILZERKRANKUNGEN

Am häufigsten sind Hautpilze. Sie treten meist um die Nase, die Augen oder am Mund auf. Da die Temperatur am Kopf am höchsten und der Bereich um die Schleimhäute auch immer etwas feucht ist, gedeihen Hautpilze in diesen Regionen am besten. Die Veränderungen sind oft kreisrunde, rötliche, juckende, schuppige Stellen. Gehen Sie auf jeden Fall zum Tierarzt, vor allem, weil Hautpilze auf den Menschen übertragbar sind. Vor allem Kinder sollten sich gut die Hände waschen, wenn ein Kaninchen daran erkrankt ist, und am besten den Kontakt zum erkrankten Tier einschränken.
Seit kurzer Zeit gibt es auch einen Impfstoff gegen Hautpilze, der sowohl zur Vorbeugung als auch zur Heilung eingesetzt werden kann.

TROMMELSUCHT

Bei Verdauungsstörungen, die mit starker Luftfüllung des Magens und/oder des Darms einhergehen, spricht man von Trommelsucht. Das Kaninchen ist dick, der Bauch angespannt, es atmet schnell, frisst nicht und krümmt den Rücken auf. Dieser Zustand wird durch Magenüberladung, falsche Ernährung, gärendes Futter oder Haarballenbildung im Magen hervorgerufen und muss sofort vom Tierarzt behandelt werden, da das Tier schnell daran sterben kann. Die Trommelsucht ist immer eine lebensbedrohliche Erkrankung, leider sieht man vielen Tieren nicht von außen an, wie schwer sie erkrankt sind.

TUMOREN

Jede plötzlich auftretende Verdickung sollte vom Tierarzt kontrolliert werden. Viele Kaninchen haben harmlose Abszesse, die aber wie Tumoren aussehen. Nur der Tierarzt kann erkennen, um was es sich handelt, und die richtige Behandlung empfehlen.

ZAHNPROBLEME

Leider sind Zahnprobleme bei Zwergkaninchen ein sehr häufiges Problem. Viele Tiere sind mit Zahnfehlstellungen behaftet, die zu überlangem Zahnwachstum und Hakenbildung führen können. Man nimmt an, dass diese Gebissprobleme mit dem Zwergwuchsgen gekoppelt sind.

Das Benagen von Baumrinde hält die Schneidezähne kurz.

Jede Veränderung im Fressverhalten, tränende Augen, übermäßiges Speicheln oder ein nasses Kinn sind Alarmzeichen. Leider sind die Backenzähne bei Kaninchen nicht gut zugänglich und können nur vom Tierarzt mit einem speziellen Gerät untersucht werden. Das heißt, selbst wenn die Schneidezähne in Ordnung sind, kann das Tier Probleme mit seinen Backenzähnen haben. Sind die Zähne zu lang gewachsen, muss der Tierarzt sie kürzen. Meist ist dafür eine Vollnarkose erforderlich, denn die Mundhöhle der Kaninchen ist sehr schwer zugänglich. Außerdem wehren sich die Tiere gegen die Manipulation, sodass die Gefahr besteht, dass man Zunge oder Kehlkopf bei Abwehrbewegungen der Tiere verletzt.

Leider sind diese Fehlstellungen nicht heilbar, und die Behandlungen müssen meist in regelmäßigen Abständen wiederholt werden. Aus diesen Zahnproblemen können sich auch sehr schmerzhafte, schwer zu behandelnde Abszesse im Kieferknochen, meist im Unterkiefer, entwickeln. Es ist deshalb sehr wichtig, dass Sie auf die Zähne der Kaninchen achten, um rechtzeitig eine Behandlung zu beginnen und dem Tier unnötige Schmerzen zu ersparen.

ÜBERGEWICHT

Neben den beschriebenen Krankheiten gibt es auch Erkrankungen, die durch falsche Haltung hervorgerufen werden. Am häufigsten ist dies Übergewicht. Die Kaninchen werden übermäßig gefüttert und erhalten gleichzeitig zu wenig Bewegung. Ein durchschnittlicher Zwerg sollte nicht mehr als 1,5 kg wiegen. Die Tiere werden dabei nicht nur zu dick, sie leiden vor allem auch unter verschiedenen Folgeerscheinungen. Bei Übergewicht neigen sie vermehrt zu Blasensteinen und haben auch häufiger Verdauungsprobleme. Außerdem können die Tiere, bedingt durch ihr hohes Gewicht, wunde Läufe und Geschwüre an den Ballen bekommen. Zur Gewichtsreduktion darf man keinesfalls einfach einen Fastentag einlegen, denn Kaninchen müssen immer fressen (siehe S. 64), damit die Verdauung in Gang bleibt. Deshalb am besten das Fertigfutter stark reduzieren oder ganz weglassen. Geben Sie Ihren Kaninchen nur wirklich gutes Heu zur freien Verfügung, und achten Sie darauf, dass immer frisches Wasser vorhanden ist. Parallel zur Diät kann man mit dicken Kaninchen ein Trainingsprogramm durchführen, um die Speckröllchen zu bekämpfen. Spielen Sie während des Freilaufs viel mit ihnen und denken Sie sich interessante Trimmgeräte aus, die die Zwerge auf Trab bringen. Hängen Sie das Futter im Gehege hoch, so müssen sich die Dickerchen wie in der freien Wildbahn das Futter richtig erarbeiten. Das Futter kann auch auf dem Häuschen platziert werden, damit die Tiere klettern müssen.

115

Ein Blick in die Tierarztpraxis

— Ein Interview mit Dr. Anne Warrlich

Die Tierärztin Dr. Anne Warrlich betreibt eine eigene Praxis in Besigheim/Baden-Württemberg. Zu ihren Patienten zählen auch viele Zwergkaninchen. Wir haben sie dazu befragt.

Frau Dr. Anne Warrlich mit zwei ihrer kleinen Patienten.

Wie oft kommen Kaninchen in Ihre Praxis?

Der Anteil an kleinen Heimtieren, vor allem aber an Kaninchen, ist in den letzten Jahren sprunghaft angestiegen. Es gibt Sprechstunden, da sitzen mehr Kaninchen als Hunde und Katzen im Wartezimmer.

Wie ist das zu erklären?

Kaninchen sind sehr beliebte Heimtiere. Nicht nur unbedingt bei Kindern, sondern immer mehr auch bei Erwachsenen. Die Gruppenhaltung von Kaninchen im Gehege ermöglicht auch berufstätigen Menschen Tiere zu halten, ohne sie ganztägig betreuen zu müssen.

Was sind die häufigsten Probleme, mit denen Kaninchenhalter in Ihre Praxis kommen?

Sehr häufig sind Zahnprobleme mit überlangem Wachstum der Backen- oder der Schneidezähne. Die Zähne müssen dann

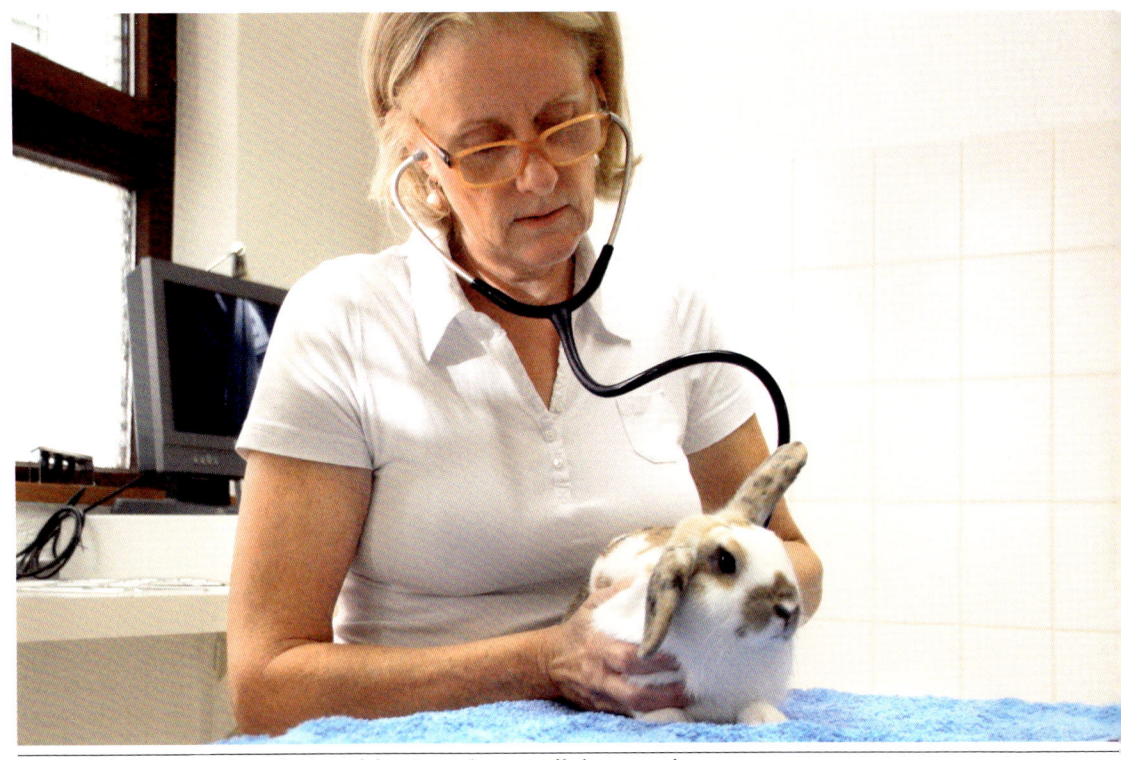

Beim jährlichen Gesundheitscheck wird das Kaninchen gründlich untersucht.

abgeschliffen werden. Am zweithäufigsten treten Verdauungsstörungen wie Magenüberladungen oder Blähungen auf.

Wie kann ich den Stress beim Tierarztbesuch für das Kaninchen reduzieren?

Im Gegensatz zu Katzen mögen Kaninchen dunkle Transportboxen. Die handelsüblichen Kleintiertransportboxen mit einem transparenten Deckel sind für Kaninchen nicht geeignet. Transportieren Sie die Tiere besser in einer dunklen Katzentransportbox. Die Box sollte sich leicht auseinanderbauen lassen. Für den Tierarzt und das Kaninchen ist es besser, wenn man die Box auseinanderbauen kann, um an das Tier zu gelangen, als wenn man das Kaninchen durch eine Tür herauszerren muss. Geben Sie Einstreu in die Box, damit es vertraut riecht. Aber bitte nicht zu viel, denn die ganze Einstreu verteilt sich sonst im Behandlungsraum des Tierarztes.

Hat sich die tiermedizinische Betreuung in den letzten Jahren sehr verändert?

Oh ja, die Wissenschaft bringt stetig neue Erkenntnisse. Wir können heute Erkrankungen behandeln, von denen wir vor 20 Jahren nicht einmal wussten, dass es sie gibt.

Warum werden Kaninchen heute älter?

Die Besitzer sind heute viel besser über die optimalen Haltungsbedingungen und vor allem auch über die Fütterung aufgeklärt. Waren vor einigen Jahren übergewichtige Kaninchen mit Blasensteinen noch häufige Patienten, ist das heute eher selten.

„Kaninchen sind sehr beliebte Heimtiere"

PATIENT KANINCHEN

Ein krankes Tier braucht Ruhe und Pflege, deshalb sollte es immer von den anderen getrennt werden. In vielen Fällen ist es wichtig zu beobachten, ob Kot und Urin sich verändern. Das geht bei mehreren Tieren kaum. Falls kein Quarantänekäfig vorhanden ist, kann man das Gehege mit einem Brett teilen, ein krankes Tier bewegt sich sowieso weniger und kommt vorübergehend mit weniger Platz aus.

Halten Sie sich an die Anweisungen des Tierarztes. Falls es Schwierigkeiten bei der Medikamenteneingabe gibt, diese nicht eigenmächtig absetzen, denn viele Krankheiten werden durch eine zu früh abgebrochene Therapie nur noch schlimmer. Lieber zusammen mit dem Tierarzt nach einer anderen Therapieform suchen. Ein Trick, wie man dem kleinen Patienten die Medizin schmackhaft machen kann: einfach mit etwas Quark und pürierten Früchten mischen – vor allem Geschmacksrichtung Aprikose oder Banane. Der Quark eignet sich auch gut,

DER BESUCH BEIM TIERARZT

Wichtige Informationen für Ihren Tierarzt:

— Wie alt ist das Tier?
— Männchen oder Weibchen?
— Woher stammt das Kaninchen?
— Wie lange lebt es schon bei Ihnen?
— Wie wird das Kaninchen ernährt?
— Wie wird es gehalten: als Pärchen oder in einer größeren Gruppe, im Haus oder draußen?
— Hatte es Kontakt zu anderen Tieren?
— Was ist der Grund für Ihren Besuch?
— Welche Symptome haben Sie beobachtet?
— Hat das Kaninchen gefressen und getrunken? Was?
— Wie sehen Kot und Urin aus? (Kotprobe mitbringen)
— Hat das Kaninchen Freilauf im Haus oder im Garten?
— Kann es sich dabei verletzt oder etwas Giftiges gefressen haben?

Zweige sind lecker und gesund.

wenn ein Kaninchen nicht freiwillig frisst, oder nach einer Zahnbehandlung, wenn das Tier Schmerzen in der Mundhöhle hat. Damit die Verdauung bei kranken Kaninchen nicht gestört wird, gibt es beim Tierarzt ein spezielles Ernährungspulver für Kaninchen. Man kann es mit Wasser anrühren und den Patienten einflößen.

WENN LANGOHREN ALT WERDEN

Wie alle alten Tiere haben auch alte Kaninchen ein erhöhtes Ruhebedürfnis. Mit ungefähr 7 Jahren ist ein Zwergkaninchen alt. Es will lieber in seinem Gehege bleiben und hoppelt auch im Garten weniger umher. Füttern Sie weniger, dafür leicht verdauliches Futter. Bei vielen alten Kaninchen lässt die Sehkraft

Kaninchen fühlen sich im Rudel wohl.

nach und sie werden schreckhafter. Vielleicht haben sie auch mehr Probleme beim Fellwechsel und der täglichen Fellpflege, denn sie sind nicht mehr so gelenkig wie junge Tiere. Deshalb muss man alte Tiere besonders intensiv bürsten – sie genießen diese wohltuende Massage ganz besonders – und auch darauf achten, dass der Po sauber ist. Notfalls kann man ihn mit einer milden Kamillenlösung abwaschen.

ABSCHIED NEHMEN

Jeder wünscht seinem Kaninchen natürlich einen ruhigen, schmerzlosen Tod am Ende seines Lebens. Leidet ein altes Tier aber unter Krankheiten, die man nicht heilen kann und die ihm Schmerzen bereiten, müssen Sie überlegen, ob es eingeschläfert werden soll. Dies ist keine leichte Entscheidung, die Sie mit der ganzen Familie, vor allem auch mit Ihren Kindern, und zu guter Letzt mit dem Tierarzt besprechen sollten. Entscheiden Sie immer zum Wohl des Tiers.

Hinterlässt das verstorbene Tier einen trauernden Artgenossen, überlegen Sie sich, ob Sie nicht einen zweiten „Rentner", z. B. aus dem Tierheim, dazusetzen, um ihm die Einsamkeit zu ersparen.

Wichtig! Alte Tiere sind generell empfindlicher und werden schneller krank. Setzen Sie auch kein junges Tier mehr dazu, denn es kann mit seinem jugendlichen Übermut dem „alten Hasen" ganz schön zusetzen.

In den letzten Jahren hat die Tiermedizin vor allem bei kleinen Haustieren immense Fortschritte gemacht. Die Lebenserwartung von Kaninchen ist deutlich gestiegen und viele Tiere erreichen ein stolzes Alter. Ich habe in meiner Praxis immer wieder Tiere, die 15 Jahre und älter geworden sind.

Die sanfte Heilkraft aus der Natur

Viele Menschen setzen auf die sanfte Heilkraft der Natur und möchten Kräuterkunde, Homöopathie und Bachblüten auch bei ihren Tieren anwenden, um sie lange gesund zu erhalten.

KRÄUTERKUNDE

BRENNNESSEL

Brennnesseln kann man gut selbst pflücken und trocknen. Es eignen sich am besten zarte junge Pflänzchen. Die sind kleiner und hellgrüner als die älteren Pflanzen. Sie können die Brennnesseln an einer Schnur aufhängen und trocknen lassen.

Brennnessel enthält Kalzium, Eisen und Phosphor. Ihre Wirkung ist blutreinigend, blutbildend, entgiftend, regt allgemein den Stoffwechsel an und wirkt verdauungsfördernd. Bei Häsinnen regt sie nach der Geburt den Milchfluss an und kann auch als Tee gegeben werden.

BIRKE

Frische Zweige zum Knabbern und zur Beschäftigung ins Gehege gelegt, erfreuen jedes Kaninchenherz. Vor allem bei Tieren mit Nierenproblemen oder chronischen Entzündungen der Harnwege ist Birke hilfreich. Sie wirkt harntreibend, regt den Nierenstoffwechsel an und reinigt die Haut. Die Birkenblätter können auch getrocknet als Tee aufgebrüht werden und dann natürlich kalt als Tränke verabreicht werden.

FICHTE ODER KIEFER

Am besten im Frühjahr junge Triebe sammeln und diese trocknen. Die Nadeln können als Tee aufgegossen oder, wenn es das Kaninchen

Brennnessel regt den Stoffwechsel an.

Birke wirkt harntreibend.

Fichte und Kiefer wirken schleimlösend, ...

... sie können als Teeaufguss verabreicht werden.

mag, auch getrocknet verfüttert werden.
Fichte und Kiefer helfen bei Atemwegs-
erkrankungen. Sie wirken entzündungshemmend und schleimlösend.

JOHANNISKRAUT

Johanniskraut ist auch beim Menschen sehr
beliebt zur Behandlung von Depressionen
und nervöser Erschöpfung. Die gleiche
Wirkung hat es beim Kaninchen. Es kann
getrocknet als Kraut verfüttert werden oder
die getrockneten Blätter als Teeaufguss verwendet werden. Außerdem hat Johanniskraut
hervorragende antiseptische Eigenschaften,
d. h., es wirkt antibakteriell und kann als
Johanniskrautöl bei Verletzungen gut ange-
wendet werden. Der Vorteil ist, die Tiere
können es ablecken, ohne dass sie Verdauungsstörungen davon bekommen.

LÖWENZAHN

Der Kräuterhit auf dem Kaninchenspeise-
plan: Löwenzahn enthält zwar viel Kalzium
und sollte bei Kaninchen mit Blasensteinen
nur vorsichtig eingesetzt werden, aber bei
den meisten Kaninchen steht Löwenzahn
auf dem täglichen Speiseplan, zumindest in
den Sommermonaten. Die Blätter lassen sich
an einer Schnur aufgehängt auch prima trocknen, sodass man sich einen Vorrat für den
Winter anlegen kann. Löwenzahn regt das
gesamte Drüsensystem an und ist vor allem
bei Verdauungsstörungen sehr hilfreich.

MINZE

Im Orient altbekannt, Minze wirkt kühlend
und erfrischend vor allem in den Sommermonaten. Das finden auch Kaninchen. Sie
fressen gern die frischen Blätter und trinken

Johanniskraut wirkt antibakteriell.

Löwenzahn hilft bei Verdauungsstörungen.

Minze wikrt gut bei Blähungen.

Thymiantee stärkt den Organismus.

auch ebenso gern Minztee. Minze wirkt gegen Blähungen und ist außerdem appetitanregend. Hat sich der kleine Hoppler mal überfressen oder hat einen geblähten Magen, kann Minze sehr hilfreich sein.

THYMIAN

Thymian wird am besten als Tee zum Trinken gegeben. Obwohl wir es uns schlecht vorstellen können, mögen Kaninchen Thymiantee ausgesprochen gern. Vor allem bei Antibiotikagaben oder Infekten wirkt Thymian positiv auf das Immunsystem und es stärkt den Organismus. Ebenso wirksam ist Thymian bei Schnupfen, Infektionen der Atemwege durch seine schleimlösende, antibakterielle und entzündungshemmende Wirkung.

Zaunwinde wirkt verdauungsfördernd.

ZAUNWINDE

Von Gartenbesitzern als lästiges und vor allem stetig nachwachsendes Unkraut gehasst, von Kaninchen geliebt. Vor allem kleine junge Pflanzen werden gern verspeist und wirken verdauungsfördernd. Außerdem können Umschläge mit Aufgüssen aus Zaunwindensud entzündungshemmend bei wunden Ballen wirken.

GESUND MIT NATUR-HEILVERFAHREN

Heilmethoden, die neben der klassischen Schulmedizin auch auf dem tierärztlichen Sektor angewandt werden, nehmen einen zunehmend breiteren Raum bei der Therapie von Haustieren ein. Alternative Medizin und Naturheilverfahren berücksichtigen die Tatsache, dass neben einer organischen Ursache für eine Krankheit auch die seelische Verfassung eine Rolle spielt. Wie schon die alten Römer feststellten, lebt ein gesunder Geist in einem gesunden Körper: „Mens sana in corpore sano."

Man darf nicht vergessen, dass sanfte Naturheilverfahren die klassische Schulmedizin nicht völlig ersetzen können. Sie bieten aber vor allem bei chronischen Krankheiten eine sinnvolle Ergänzung und Unterstützung der herkömmlichen Therapie und ist ohne Nebenwirkungen gut verträglich.

☞ **HOMÖOPATHISCHE** HAUSAPOTHEKE

PFLANZE	WIRKUNG	ANWENDUNG	DOSIERUNG
Arnika montana (Bergwohlverleih)	Desinfizierend, adstringierend, entzündungshemmend	Bei Prellungen, Blutergüssen, Quetschungen, Verstauchungen	Arnika LM12
Belladonna (Tollkirsche)	Entzündungshemmend, fiebersenkend	Bei Lungenentzündung, fieberhaften Infekten, Aggressivität	Belladonna LM6
Bryonia (Zaunrübe)	Schleimlösend, hustenlindernd	Bei Lungenentzündung, Husten, Rheumatismus	Bryonia LM12
Calendula (Ringelblume)	Desinfizierend, entzündungshemmend, durchblutungsfördernd	Bei Wunden, Abszessen, Hautekzemen, Insektenstichen	Calendula LM6
Euphrasia (Augentrost)	Entzündungshemmend	Bei Lidbindehautentzündung, Hornhautentzündung, Entzündung des Tränenkanals	Euphrasia D3 zur Augenspülung: 10 Tropfen auf ½ Glas warmes Wasser
Hepar sulphuris (Kalkschwefelleber)		Bei allen eitrigen Entzündungen, Abszessen, Ekzemen, verdickten Lymphknoten	Hepar sulfuris C30
Nux vomica (Brechnuss)		Bei Magen-Darm-Störungen, Koliken, Verstopfungen	Nux vomica C3
Platinum (Platin)		Bei Eifersucht, übermäßigem Geschlechtstrieb	Platinum C3
Sulfur (Schwefelblüte)	Entzündungshemmend	Bei Hautentzündungen, morgendlichen Durchfällen, Verstopfung, stärkend nach überstandenen Erkrankungen	Sulfur LM12

Dosierung: Tropfen: 3 x täglich 1 bis 4 Tropfen; Globuli: 3 x täglich 2 Globuli; Tabletten: 3 x täglich ½ Tablette

HOMÖOPATHIE

Die Grundsätze der Homöopathie wurden von Samuel Hahnemann im 19. Jahrhundert entwickelt und haben sich seither nicht mehr verändert. Hahnemann stellte die „Simile-Regel" auf, die besagt, dass Ähnliches mit Ähnlichem behandelt werden sollte. Ein Beispiel: Schwefel in größeren Mengen führt zu Hautentzündungen, in homöopathischen Dosen jedoch vermag er solche zu heilen. Die Symptome, die ein Mittel in niedrigen Dosen auslöst, werden Arzneimittelbild genannt. Die Symptome, die ein krankes Tier zeigt, müssen dem Arzneimittelbild des Heilmittels ähnlich sein. Die Homöopathie berücksichtigt außerdem verschiedene Konstitutionstypen,

Homöopathische Hausapotheke: Ringelblume

d. h., bei der gleichen Krankheit helfen unterschiedlichen Tieren unterschiedliche Medikamente. Die homöopathische Therapie erfordert also eine genaue Kenntnis des zum jeweiligen Tier passenden Arzneimittelbildes. Die Auswahl des passenden Medikaments sollte deshalb nur ein erfahrener Therapeut treffen.

Der Vorteil der Homöopathie gegenüber der klassischen Schulmedizin ist, dass sie dem Organismus hilft, sich selbst zu heilen. Sie ist eine aktive Medizin, die die Abwehrkräfte des Körpers anregt und fördert und so die Ursachen einer Krankheit und nicht nur deren Symptome bekämpft.

Homöopathische Arzneimittel werden aus Pflanzen, tierischen Bestandteilen und Mineralien gewonnen. Die Ausgangssubstanz, die „Urtinktur", wird nach einem festgelegten Verfahren mit Alkohol verdünnt. Diese sogenannte Potenzierung erfolgt in Zehnerschritten. Die Dezimalpotenz D1 enthält dann z. B. einen Teil Urtinktur und 9 Teile Lösungsalkohol (1 : 10). Bei der Therapie von kleinen Haustieren wie Zwergkaninchen werden häufig auch C- und LM-Potenzen eingesetzt (1 : 100 bzw. 1 : 50 000).

BACHBLÜTENTHERAPIE

Der englische Arzt Dr. Edward Bach begründete diese Therapie etwa 1935. Dabei griff er auf uraltes, überliefertes Wissen der Kelten zurück, die Blüten zu medizinischen Zwecken einsetzten. Bach ordnete und katalogisierte die Blüten und entwickelte daraus die nach ihm benannte Therapie, die den Zusammenhang zwischen Seele und körperlicher Verfassung berücksichtigt. Das Bachblütensystem besteht aus wässrigen Auszügen von 37 Blüten, Kräutern und Sträuchern sowie aus dem Wasser einer heilkräftigen Quelle. Jede der von 1 bis 39 durchnummerierten Essenzen enthält jeweils nur den Auszug aus einer einzigen Pflanze, Ausnahmen sind lediglich Nr. 27, Rock Water, das reines Quellwasser enthält, und Nr. 39, Rescue Remedy, das eine Mischung aus 5 Blüten darstellt.

Für die Auszüge werden die Pflanzen bei sonnigem Wetter gepflückt und in eine Schale mit Wasser gelegt. Dort bleiben sie einige Zeit, damit die Sonnenenergie ihr „Seelenpotenzial" auf das Wasser übertragen kann. Die wässrigen Essenzen werden dann mit Alkohol konserviert und in kleine Fläschchen abgefüllt. Für die Anwendung verdünnt man dieses Konzentrat: Auf 10 ml eines Gemisches aus 3 Teilen Wasser und einem Teil Alkohol kommen 2 Tropfen Konzentrat.

MEDIKAMENTENGABE

Es ist nicht immer einfach, einem Kaninchen Medikamente einzugeben, besonders nicht in einer Notfallsituation, wenn es schnell gehen soll. Wollen Sie Ihrem Kaninchen z. B. nach einem Unfall mit Rescue-Tropfen helfen, so müssen Sie ihm diese nicht unbedingt ins Maul geben. Massieren Sie die Tropfen an einer gut zugänglichen Stelle in die Haut ein. So ersparen Sie dem Tier weiteren Stress.

Kaninchen haben sehr unterschiedliche Charaktere.

☞ Ausgewählte **Schlüsselsymptome**

SYMPTOME	HILFREICHE BACHBLÜTEN
Aggressive, eifersüchtige Kaninchen, die gern angreifen	Nr. 3 Beech, Nr. 6 Cherry Plum, Nr. 15 Holly, Nr. 32 Vine
Schüchterne, unterdrückte, unterwürfige Kaninchen	Nr. 4 Centaury, Nr. 5 Cerato, Nr. 15 Gentian, Nr. 19 Larch
Sehr anhängliche Kaninchen, die Probleme mit ihren Artgenossen haben	Nr. 7 Chestnut Bud, Nr. 10 Crab Apple, Nr. 14 Heather, Nr. 25 Red Chestnut
Antriebsschwache, müde Kaninchen	Nr. 9 Clematis, Nr. 11 Elm, Nr. 13 Gorse, Nr. 23 Olive, Nr. 37 Wild Rose
Kaninchen, die sich schwer auf geänderte Lebensumstände einstellen	Nr. 23 Walnut, Nr. 27 Rock Water, Nr. 29 Star of Bethlehem, Nr. 16 Honeysuckle
Hyperaktive, zerstörerische Kaninchen	Nr. 31 Vervain, Nr. 18 Impatiens, Nr. 32 Vine, Nr. 36 Wild Oat
Für alle Stress- und Notfallsituationen	Nr. 39 Rescue Remedy

Erste Hilfe
für Zwergkaninchen

Die meisten Notfälle sind nicht ganz so schlimm, wie es oft auf den ersten Blick erscheint. Trotzdem ist es wichtig, einen Haustierartzt zu haben, den man schnell aufsuchen kann.

BEWAHREN SIE RUHE!

Die wichtigste Regel bei Notfällen aller Art, auch wenn es schwerfällt, ist: Ruhe bewahren. Durch hektisches, unbesonnenes Herumrennen verbessern Sie die Situation keinesfalls und helfen Ihrem Kaninchen nicht. Erfahrungsgemäß passieren die meisten Unfälle nachts oder am Wochenende, wenn der Tierarzt gerade keine Sprechstunde hat. Deshalb sollten Sie wissen, wie der Nacht- und Wochenenddienst Ihres Tierarztes geregelt ist. Fragen Sie ihn schon bei einer Routineuntersuchung danach, das gibt Ihnen im Notfall Sicherheit.

UNFALL, VERLETZUNGEN

Nach einem Unfall prüfen Sie zunächst, ob das Kaninchen bei Bewusstsein ist, und kontrollieren Puls und Atmung (siehe Kasten). Das verunfallte Tier am besten in ein Körbchen, einen Schuhkarton oder eine kleine Plastikwanne auf ein Tuch legen. Sorgen Sie dafür, dass das Kaninchen nicht plötzlich fluchtartig nach oben aus dem Behältnis springen kann und sich dabei noch mehr verletzt.

Kleinere Wunden können Sie zunächst, falls notwendig mit etwas Desinfektionsmittel, mit einem nicht fusselnden Tuch reinigen. Wenn Sie kein Desinfektionsmittel zur Hand haben, tut es auch klares Wasser. Bitte tragen Sie auf keinen Fall Salbe auf die Wunde auf, sie verklebt die Haare und ist für den Tierarzt schwierig wieder zu entfernen. Und er braucht ja freie Sicht auf die Verletzung. Bei größeren Wunden mit starken Blutungen legen Sie einen Druckverband an, bevor Sie zum Tierarzt fahren (siehe Kasten).

Knochenbrüche sind bei Kaninchen recht häufig. Sie entstehen meist dadurch, dass die Tiere zappeln und dem Besitzer vom Arm springen. Meist sind die Hinterbeine oder das Becken betroffen. Ein Bruch muss natürlich immer tierärztlich versorgt werden. Versuchen Sie bitte nicht, ein merkwürdig abstehendes Beinchen zu schienen. Sie können Ihrem Tier dabei ziemlich wehtun. Es macht dann Abwehrbewegungen und zappelt herum, sodass die Sache nur noch schlimmer wird. Setzen Sie es vorsichtig in ein Transportbehältnis, in dem es sich nicht allzu sehr bewegen kann. Alternativ können Sie das Kaninchen auch in eine Decke oder in ein Handtuch wickeln. Rufen Sie dann Ihren Tierarzt an. Bleiben Sie bei einem Notfall ruhig. Hektik, Panik, Stress und Unruhe übertragen sich auf den Patient „Kaninchen" und machen die Sache nur noch schlimmer. Auf der Fahrt zum Tierarzt lassen Sie sich am besten begleiten, damit Sie beim Autofahren nicht gleichzeitig nach dem kleinen Patienten schauen müssen.

VERGIFTUNGEN

Haben Sie den Verdacht, dass Ihr Kaninchen etwas Giftiges gefressen hat, nehmen Sie den Stoff oder Teile der Pflanze, die Sie in Verdacht haben, immer mit zum Tierarzt. Er kann sich so ein besseres Bild von der vorliegenden Vergiftung machen und besser entscheiden, wie gefährlich die Situation ist und was getan werden muss.

Verlassen Sie sich lieber nicht darauf, dass Ihr Kaninchen instinktsicher genug ist, beim Freilauf Giftiges von Ungiftigem zu unterscheiden. Unsere Hauskaninchen sind sehr stark domestiziert und hätten in der freien Natur große Probleme zu überleben, deswegen ist vielen von ihnen der Instinkt für unschädliches Futter abhandengekommen.

ERSTE HILFE FÜR KANINCHEN

— Halten Sie für Notfälle die Telefonnummer des Tierarztes oder des tierärztlichen Notfalldienstes bereit.

— Nähern Sie sich dem Kaninchen ruhig und vorsichtig, um keine Abwehr- oder Fluchtreaktionen zu provozieren.

— Ein bewusstloses Kaninchen auf die Seite legen und den Kopf strecken, damit die Atemwege frei bleiben.

— Kontrollieren Sie die Atmung, indem Sie eine Hand auf den Brustkorb legen.

— Den Herzschlag ertasten Sie auf der linken Brustseite hinter dem Ellbogen.

— Bei schweren Blutungen einen Druckverband anlegen, nicht abbinden. Verwenden Sie Mullkompressen oder ein sauberes Tuch (keine Watte!), die Sie mit einer elastischen Binde fixieren.

— Melden Sie sich nach der Erstversorgung telefonisch beim Tierarzt an. So vermeiden Sie lange Wartezeiten, aber auch, dass Sie in der Praxis vielleicht gerade niemanden antreffen.

— Auch wenn es im Notfall schwerfällt: Bewahren Sie Ruhe und gehen Sie besonnen vor.

— Den Transportkäfig abdecken. Die Tiere fühlen sich im Dunkeln sicher.

DIE HÄUFIGSTEN, FÜR KANINCHEN GIFTIGEN PFLANZEN

- Amaryllis
- Azalee
- Blutwurz
- Buchsbaum
- Chrysantheme
- Efeu
- Eibe
- Fingerhut
- Giftaron
- Glyzinie
- Goldregen
- Herbstzeitlose
- Ilex
- Iris
- Jasmin
- Kirschlorbeer
- Klematis
- Krokus
- Liguster
- Lobelie
- Lupine
- Maiglöckchen
- Mistel
- Nachtschatten-gewächse
- Oleander
- Osterglocken
- Primeln
- Rhabarber
- Rhizinusöl-pflanzen
- Rhododendron
- Rittersporn
- Schierling
- Stechapfel
- Strelizie
- Tollkirsche
- Tomatenranken
- Tränendes Herz
- Tulpe
- Wacholder
- Weihnachts-stern

Nicht alles, was im Garten wächst, ist gut verträglich.

Prüfen Sie vor dem Freilauf im Garten bitte genau, ob in Ihrem Garten oder auf dem Balkon Pflanzen wachsen, die für Kaninchen schädlich sind. Überprüfen Sie dabei auch Ihre Topfpflanzen, denn Kaninchen können sich sehr lang recken und strecken und notfalls in die Blumentöpfe klettern oder diese zu sich herunterziehen, um vermeintliche Leckerbissen zu ergattern.

Wichtig! Im Zweifelsfall oder beim Vergiftungsverdacht hilft der Tierarzt oder die Giftpflanzendatenbank der Universität Zürich (www.vetpharm.unzih.ch).

INSEKTENSTICHE

Vor allem Kaninchen, die viel im Freien sind, werden manchmal von Insekten gestochen. In diesem „Notfall" brauchen Sie selten tierärztliche Hilfe. Am besten, Sie kühlen die Stelle mit einem kleinen Eisbeutel. Spezielle Insektenstichsalbe hilft meist nicht, da sie durch das Haarkleid gar nicht bis auf die Haut gelangt. Zeigt das Kaninchen jedoch allergische Reaktionen oder wurde es ins Maul gestochen, sodass durch die Schwellung Erstickungsgefahr besteht, müssen Sie mit dem kleinen Patienten zum Tierarzt.

Unbekannte Pflanzen lieber entfernen.

FLÖHE UND ZECKEN

Kaninchen werden genau wie Hunde und Katzen im Sommer von diesen Plagegeistern heimgesucht. Sie übertragen zwar keine Krankheiten auf die Kaninchen, sind aber unangenehm und ein potenzielles Risiko für den Menschen, weil sie ja auch den Menschen befallen. Es gibt Tropfen zur Vorbeugung und Behandlung des Flohbefalls, die man auf die Haut tropfen kann, die speziell für Kaninchen zugelassen sind. Zeckenschutztropfen für den Hund können auch bei Kaninchen verwendet werden, aber nicht alle Präparate werden auch von Kaninchen vertragen. Deshalb lassen Sie sich unbedingt vom Tierarzt beraten, der das für Ihr Tier passende Mittel empfehlen kann.

Die Sache
mit dem Nachwuchs

Nur aus dem Grund, einmal süße Babys zu haben, sollte man nicht züchten. Doch manchmal passiert es auch ganz unfreiwillig. In jedem Fall ist es gut, gewappnet zu sein, wenn sich Nachwuchs ankündigt.

Die meisten Zwergkaninchenbesitzer werden unfreiwillig zum „Züchter", wenn sich das männliche Tier aus dem Zoogeschäft als bereits gedeckte Häsin entpuppt oder die gleichgeschlechtlichen Tiere doch ein Pärchen sind. Dieses Ereignis trifft viele Kaninchenbesitzer völlig unvorbereitet; aber da Kaninchen meist keine Probleme bei der Geburt und der Jungenaufzucht haben, arrangieren sich alle ganz gut mit der Situation. Doch nicht immer geht alles gut.

Deshalb sollte man einige Dinge vorher wissen und gut überlegen, falls man mit dem Gedanken spielt, gezielt zu züchten. Ein trächtiges Kaninchen verlangt mehr Aufmerksamkeit, und auch das Nest muss regelmäßig kontrolliert werden. Das verlangt einen deutlich höheren Zeit- und Pflegeaufwand. Für den zu erwartenden Nachwuchs müssen neue Besitzer gefunden werden. Bis Sie die Kleinen abgeben können, brauchen Sie mindestens noch ein zweites Gehege. Falls Sie

Brünstige Häsinnen erkennt ein Rammler sofort.

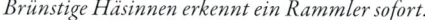

wirklich alle Jungtiere behalten wollen, denken Sie daran, dass diese sich im Alter von etwa drei Monaten auch wieder „wie die Karnickel" vermehren. Und bei aller Liebe zu den niedlichen Tieren wollen Sie doch sicher auch keine Kaninchenplage in der Wohnung.

PAARUNG

Häsinnen haben keinen Zyklus, an dem sie nur zu bestimmten Zeiten paarungsbereit sind, sie sind das ganze Jahr über paarungswillig. Diese Paarungsbereitschaft wird jedoch von äußeren Faktoren wie Tageslichtlänge, Außentemperaturen und Nahrungsangebot beeinflusst. Deshalb gibt es im Frühjahr häufiger Nachwuchs als in den Wintermonaten. Eine paarungswillige oder brünstige Häsin ist meist unruhig, scharrt im Gehege und biegt den Rücken durch, wenn sie gestreichelt wird. Manche strecken auch ihr Hinterteil in die Höhe.

Am besten züchten Sie mit Tieren, die mindestens ein halbes Jahr, aber nicht älter als sechs Jahre, nicht zu dick und in guter körperlicher Verfassung sind. Haben Sie die richtigen Tiere gefunden, lassen Sie die beiden frei laufen, damit sie ausreichend Gelegenheit haben, sich kennenzulernen. Neutraler Boden, wo keiner der beiden Revieransprüche hat, ist am besten geeignet. Zunächst werden sich die beiden ausgiebig beschnuppern, vor allem die Analregion des anderen ausgiebig beriechen. Der Rammler wird wahrscheinlich das Revier mit dem Kinn markieren und vielleicht auch die Dame seines Herzens mit Urin bespritzen. Manche Herren geben Brummlaute von sich und hoppeln freudig erregt um die Dame herum. Zum Vorspiel gehört auch, dass die Häsin sich ein wenig ziert und der Rammler ihr hinterherläuft. Er „weist die Blume", das heißt, er stolziert mit hocherhobenem Schwänzchen vor seiner Angebeteten herum. Manche Pärchen liegen vor der Paarung auch noch kuschelnd eng beieinander.

Sobald die Häsin deckbereit ist, biegt sie den Rücken durch, duckt sich auf den Boden und streckt ihr Hinterteil in die Höhe. Der eigentliche Deckakt und die Ejakulation dauern dann nur wenige Sekunden, manchmal lässt sich der Rammler danach wie tot auf die Seite fallen. Der Eisprung wird bei Kaninchen erst durch die Bedeckung ausgelöst. Deshalb ist ein zweiter Deckakt im Normalfall nicht erforderlich.

Kurz schnuppern ...

... der eigentliche Deckakt geht ganz schnell.

TRÄCHTIGKEIT UND GEBURT

Die Schwangerschaft beim Kaninchen dauert ungefähr 30 Tage (28 bis 33). Notieren Sie sich den Tag der Bedeckung, so können Sie den Geburtstermin relativ gut voraussagen. Meist verändern trächtige Kaninchen ihr Verhalten. Sie werden aggressiver, gehen auf Artgenossen los und lassen sich auch vom Besitzer nicht mehr so gern streicheln. Trennen Sie die werdende Mutter von anderen Tieren, denn sie braucht jetzt besonders viel Ruhe. Akzeptieren Sie, dass Ihr Kaninchen im Moment nicht zugänglich für Streicheleinheiten ist, und stellen Sie das Gehege möglichst nicht um.

GEBURTSVORBEREITUNGEN

Etwa eine Woche vor dem Geburtstermin säubern Sie das Gehege noch einmal und streuen besonders viel Stroh ein. Achten Sie darauf, dass das Häuschen hoch genug ist, damit das Kaninchen darin sitzen kann, denn die Jungen werden im Sitzen gesäugt. Kurz vor der Geburt beginnt die werdende Mutter mit dem Nestbau. Sie häuft Stroh und Einstreumaterial zu einem Haufen und baut ein Nest. Wahrscheinlich rupft sie sich auch Haare an der Wamme und am Bauch aus, um das Nest damit zu polstern. Am Geburtstermin sollten Sie die Kaninchenmama nicht mehr frei laufen lassen, damit sie ihre Kinder nicht „im Galopp verliert".

DIE GEBURT

Die Geburt findet meist in den frühen Morgenstunden statt und läuft recht schnell ab. Die Jungen sind nackt, blind und hilflos und bleiben für ungefähr drei Wochen im Nest. Die Häsin nabelt die Kinder selbst ab und frisst die Nachgeburt auf. Manche Häsinnen, besonders Erstgebärende, verlassen das Nest und laufen unruhig im Gehege umher. Wenn die Jungen dann außerhalb des Nests geboren werden, legen Sie diese vorsichtig ins Nest.

In der 1. Lebenswoche sind Kaninchen nackt.

Kaninchen brauchen in der Regel keine Hebamme. Beobachten Sie die Geburt deshalb, ohne einzugreifen. Wenn es ganz offensichtlich Probleme gibt, rufen Sie Ihren Tierarzt an.

Die Kaninchenbabys finden das mütterliche Gesäuge durch eine spezielle Duftdrüse, die sich an den Brustwarzen der Mutter befindet und ein sogenanntes Pheromon oder einen besonderen Geruchsstoff absondert. Neugeborene Kaninchen können nicht viel, aber ihr Geruchssinn ist besonders ausgeprägt und sie sind sozusagen auf den Geruch des mütterlichen Gesäuges gepolt. Die Häsin markiert ihren eigenen Nachwuchs mit ihren Kinn- und Leistendrüsen. Das macht im Kaninchenrudel in der freien Natur Sinn, denn so kann die Mutter ihren eigenen Nachwuchs von

Nach einer Woche fängt das Haarwachstum an.

fremden Kindern unterscheiden. Häsinnen werfen alle Jungtiere, die nicht ihre eigenen sind, rigoros aus dem Nest oder töten sie sogar, deshalb kann man neugeborene Waisenkinder auch nicht einfach einer anderen Kaninchenmutter unterschieben. Man hat damit manchmal Erfolg, wenn die verwaisten Kaninchen im Nest ganz unten platziert werden, damit sie den Geruch von den anderen Kaninchen annehmen (siehe auch S. 134). Kaninchenkinder werden nur einmal täglich gesäugt, und dann haben sie auch nur ungefähr 5 Minuten Zeit, die Milch zu trinken, die für den ganzen Tag und die folgende Nacht reichen muss. Im Saugen sind sie also Weltmeister, denn sie schaffen es, in dieser kurzen Zeit 20 % ihres Körpergewichts an Muttermilch aufzunehmen.

Ein Zwergkaninchen bekommt ungefähr vier bis fünf Junge, bei großen Kaninchenrassen kann die Zahl der Nachkommen sogar bis zu acht oder zwölf betragen.
Nach der Geburt sollten Sie die Mutter mit einem Leckerbissen ablenken und vorsichtig nachschauen, ob im Nest alles in Ordnung ist. Dabei achten Sie darauf, ob Nachgeburtsreste oder tote Junge im Nest liegen. Diese müssen Sie sofort entfernen. Es kommt immer wieder vor, dass ein Teil der Jungen stirbt. Entweder werden sie tot geboren oder sie sterben kurz nach der Geburt. Kaninchen gehören zu den Tieren, die immer mehrere Nachkommen pro Wurf haben. Bei ihnen kommen Verluste durch tot geborene Junge oder sehr frühe Verluste durch Tod oder Fressfeinde häufig vor.

AUFZUCHT OHNE MUTTER

Manchmal kommt es auch vor, dass die Mutter kurz nach der Geburt stirbt. Dann stellt sich die bange Frage: Was passiert mit dem Nachwuchs? Je länger die Kleinen bereits Muttermilch getrunken haben, desto größer ist die Chance, dass sie sich zu gesunden Kaninchen entwickeln. Es hat keinen Zweck zu versuchen, die Jungtiere einer anderen Häsin unterzuschieben. Sie erkennt am Geruch sofort, dass es nicht ihre eigenen Kinder sind, und würde die fremden Jungen töten. Kaninchen kennen keine Adoption. Die Babys müssen also mit der Flasche gefüttert werden. Leider gelingt es nicht häufig, kleine Kaninchen mit der Flasche großzuziehen, weil sie ein sehr kompliziertes Verdauungssystem haben und in der Muttermilch ein spezieller Stoff, das sogenannte Milchöl, enthalten ist, der die Milch bekömmlich für den Nachwuchs macht. Das Milchöl kann nicht ersetzt werden und deshalb sterben viele kleine Kaninchen an Verdauungsstörungen. Als Milchersatz eignet sich Hunde- oder Katzenmilchpulver, dem ein Tropfen Pflanzenöl pro Flasche zugesetzt werden sollte, denn Kaninchenmilch ist fett- und eiweißreicher als Hunde- und Katzenmilch.

Vielseitige Nahrung von Beginn an macht aus Zwergen große Kaninchen.

Obwohl die Mutter nur einmal täglich säugt, sollten Kaninchen bei Handaufzucht häufiger gefüttert werden. In den ersten beiden Lebenswochen sollten sie alle 2 – 4 Stunden gefüttert werden, später kann man die Fütterungsintervalle verlängern.

Dazu nimmt man sie vorsichtig in die Hand und träufelt ihnen einige Tropfen Milch in das Mäulchen, bis sie von allein saugen. Nach der Mahlzeit massiert man vorsichtig das Bäuchlein, um die Verdauung anzuregen, so als ob die Mutter die Kleinen ablecken würde. Der Po muss ebenfalls leicht massiert werden, um Kot- und Harnabsatz zu fördern.

Ab dem 15. Tag können die Kleinen geringe Mengen feste Nahrung zu sich nehmen, und ungefähr ab dem 20. Tag würden sie auch den Kot ihrer Mutter fressen, damit sich Verdauungsbakterien in ihrem Darm ansiedeln können. So eklig es auch klingt, aber ab diesem Tag sollten die Babys deshalb Kot von erwachsenen Kaninchen zu fressen bekommen, damit sie keine Verdauungsschwierigkeiten erleiden. Ab dem 28. Lebenstag müssen die kleinen Kaninchen nicht mehr mit der Flasche ernährt werden, dann fressen sie ganz normal und sollten als Flüssigkeit Wasser angeboten bekommen.

DIE ERSTEN ACHT LEBENSWOCHEN

1. bis 4. Lebenstag

Nackt und blind verlassen die Jungen das Nest nicht. Nur über Tast- und Geruchssinn nehmen sie ihre Umwelt wahr. Obwohl sie nur zweimal am Tag gesäugt werden, verdoppeln sie ihr Geburtsgewicht.

6. bis 8. Lebenstag

Das Fell beginnt zunächst als feiner Flaum zu sprießen. Es wird aber rasch dichter und lässt dann auch schon die spätere Fellfärbung erkennen.

9. bis 14. Lebenstag

Die Augen öffnen sich. Die Kaninchen können hören, das Ohrenspiel beginnt, und sie machen erste Krabbelversuche. Das Geburtsgewicht hat sich inzwischen vervierfacht.

2. bis 3. Lebenswoche

Die kleinen Zwerge zeigen erste typische Verhaltensweisen wie Putzen und Männchenmachen. Sie knabbern am Heu und beginnen, sich neben der Milch auch für das Futter der Mutter zu interessieren. Die Jungen nehmen jetzt kräftig zu.

4. bis 6. Lebenswoche

Nun kommt Leben in die „Bude"; die Jungen werden immer neugieriger und fressen regelmäßig. Obwohl die Milch immer weniger wird, versuchen sie noch bei der Mutter zu trinken. Nun kann man auch mit dem ersten Wohnungsfreilauf und der Stubenreinheitserziehung beginnen. Ganz wichtig ist in dieser Phase der Kontakt mit den Menschen, damit aus den Kaninchen keine Angsthasen werden. Sie sollen sich nun an die Stimmen und Berührungen der Menschen gewöhnen. Mit einem kleinen Leckerbissen fällt das gar nicht schwer.

7. bis 8. Lebenswoche

Die Kaninchen können sich nun ganz selbstständig ernähren. Sie wechseln zum ersten Mal ihr Fell. Langsam treten schon erste Rangordnungskämpfe unter den Geschwistern auf, die mit spätestens 11 Wochen nach Geschlechtern getrennt werden müssen, um weiteren Nachwuchs zu verhindern. Nun ist es auch an der Zeit, die Jungtiere an ihre neuen Besitzer abzugeben.

Service

— Wissenswertes für Kaninchenhalter

NÜTZLICHE ADRESSEN

Zentralverband Deutscher
Rasse-Kaninchenzüchter e.V.
Sonnenstr. 20
D-95213 Münchberg
www.zdrk.de

Rassezuchtverband Österreichischer
Kleintierzüchter
Unterlochnerstr. 17 B
A-5230 Mattighofen
www.kleintierzucht-roek.at

Rassekaninchen Schweiz
Henzmannstr. 18
CH-4800 Zofingen
www.kleintiere-schweiz.ch

Deutscher Tierschutzbund
In der Raste 10
D-53129 Bonn
www.tierschutzbund.de

Österreichischer Tierschutzverein
Berlagasse 36
A-1210 Wien
www.tierschutzverein.at

Schweizer Tierschutz
Dornacherstr. 101
CH-4018 Basel
www.tierschutz.com

Bundesverband praktizierender Tierärzte
Hahnstr. 70
D-60528 Frankfurt am Main
www.tieraerzteverbund.de

Gesellschaft für ganzheitliche Tiermedizin
Mooswaldstr. 7
D-79227 Schallstadt
www.ggtm.de

Zentralverband Zoologischer Fachbetriebe
Deutschlands
Mainzer Str. 10
D-65185 Wiesbaden
www.zzf.de

ZUM WEITERLESEN

Beck, Angela: **Zwergkaninchen.** Kosmos 2013

Busch, Marlies: **Taschenatlas Pflanzen für Heimtiere, gut oder giftig?** Ulmer 2014

Dreyer, Eva-Maria: **Welche Wildkräuter und Beeren sind das?** Kosmos 2009

Eknigk, Heidrun: **Lexikon der Kaninchen.** Komet 2005

Kaninchenschutz e.V.: **Besser wohnen für Kaninchen.** Erhältlich im Internet unter www.kaninchenschutz.de/shop.php

Morgenegg, Ruth: **Artgerechte Haltung, ein Grundrecht auch für (Zwerg-)Kaninchen.** Kaufmann 2000

Spohn, Roland und Margot & Dietmar Aichele: **Was blüht denn da?** Kosmos 2015

Wegler, Monika: **Kaninchen im Außengehege.** Gräfe & Unzer 2015

ZUM WEITERCLICKEN

www.diebrain.de
Ausführliche Informationen über alle Nager;
mit Musterverträgen.

www.kaninchenschutz.de
Hier finden Sie fundierte Informationen
über Kaninchen und zahlreiche Ansprech-
partner, die Sie rund um die Kaninchenhaltung beraten.

www.zwergkaninchen.net
Bietet zahlreiche Tipps über Haltung,
Pflege, Krankheiten und Verhalten.

www.knastladen.de
Produkte aus den Justizvollzugsanstalten
(JVAen) des Landes Nordrhein- Westfalen.
Hier finden Sie tolle Häuschen und vieles
mehr für Zwergkaninchen.

www.trixie.de
Hier finden Sie Häuschen, Gehege und
anderes Zubehör für Ihre Zwergkaninchen.

www.tierische-eigenheime.de
Wunderschöne Eigenbauten für alle Lebens-
lagen. Hier finden Sie zahlreiche Anregungen
zu Innen- und Außenhaltung.

www.kaninchenladen.de
Gesundes Kräuterheu, getrocknete Blätter
und Blüten sowie Gemüse können hier
bestellt werden.

www.knabberzweig.de
Hier gibt es Knabberzweige und leckeres
Heu.

DANKE

Ein herzliches Dankeschön geht an die
Fotografin Tatjana Drewka. Sie hält selbst
Zwergkaninchen in einem wunderschönen
Außengehege und die Fotos spiegeln ihre
Liebe zu diesen Tieren wider. Und auch
bei den Langohren selbst möchten wir uns
bedanken. Sie machen mit ihrem Charme
den Text lebendig.

Beim Dreh der Filme für die App stand uns
der Kaninchenschutz e. V. mit Rat und Tat
zur Seite. Dafür ein herzliches Dankeschön.

Ein großer Dank geht auch an die Firma
Trixie, die uns bei der Ausstattung der
Fotos großzügig mit ihren Produkten unter-
stützt hat.

REGISTER

BILDNACHWEIS

156 Farbfotos wurden von Tatjana Drewka/Kosmos für dieses Buch aufgenommen.
Weitere Farbfotos von Fotograf Heiko Bellmann (1: S. 122 u.), Melanie Brauner (2: S. 27),
istock_mashabuba (1: S. 120 li.), istock_sandsun (1: S. 120 re.), istock_bibikoff (1: S. 121 o. li.),
istock_ToddSm66 (1: S. 121 o. re.), istock_esemelwe (1: S. 121 u. li.), istock_AlenaPaulus
(1: S. 121 u. re.), istock_kokopopsdave (1: S. 122 o. li.), istock_AlasdairJames (1: S. 122 o. re.),
Mirko Luft (3: S. 40, 41), shutterstock (3: S. 7, 9, 124), Horst Streitferdt/Kosmos (1: S. 23 u.),
Anne Warrlich (3: 116, 117, Klappe hinten außen).

Die Filme für die App wurden von Dr. Daniela Janusch, Dr. Janusch medien service gedreht.

IMPRESSUM

Umschlaggestaltung von GRAMISCI Editorialdesign unter Verwendung eines/von zwei
Farbfotos von (Shinya Sasaki Aflo) F1online (vorne) und Tatjana Drewka/Kosmos (hinten).

Mit 180 Farbfotos und zwei Farbzeichnungen.

Unser gesamtes Programm finden Sie unter **kosmos.de.**
Über Neuigkeiten informieren Sie regelmäßig unsere
Newsletter, einfach anmelden unter **kosmos.de/newsletter**

Gedruckt auf chlorfrei gebleichtem Papier

© 2016, Franckh-Kosmos Verlags-GmbH & Co. KG, Stuttgart.
Alle Rechte vorbehalten
ISBN 978-3-440-14703-0
Redaktion: Hilke Heinemann
Gestaltungskonzept: Peter Schmidt Group GmbH, Hamburg
Gestaltung und Satz: Atelier Krohmer, Dettingen/Erms
Produktion: Eva Schmidt
Printed in Slovakia / Imprimé en Slovaquie